LIDERANÇA para ENGENHEIROS

B4711	Bennett, Ronald.
	    Liderança para engenheiros / Ronald Bennett, Elaine Millam ; tradução: Rodrigo Sardenberg. – Porto Alegre : AMGH, 2014.
	    xv, 176 p. : il. ; 25 cm.
	
	    ISBN 978-85-8055-399-4
	
	    1. Engenharia. 2. Administração – Liderança. I. Millam, Elaine. II. Título.
	
	                                                                                             CDU 62:005

Catalogação na publicação: Poliana Sanchez de Araujo – CRB 10/2094

RONALD BENNETT, PhD
ELAINE MILLAM, EdD

LIDERANÇA para ENGENHEIROS

AMGH Editora Ltda.

2014

Obra originalmente publicada sob o título
Leadership for Engineers: The Magic of Mindset, 1st Edition.
ISBN 007338593X / 9780073385938

Original edition copyright © 2013, The McGraw-Hill Global Education Holdings, LLC, New York, New York 10020. All rights reserved.

Gerente editorial: *Arysinha Jacques Affonso*

Colaboraram nesta edição:

Capa: *Maurício Pamplona (arte sobre capa original)*

Tradução: *Rodrigo Sardenberg*

Leitura final: *Vivian Carvalho*

Editoração: Kaéle Finalizando Ideias

Reservados todos os direitos de publicação, em língua portuguesa, à
AMGH EDITORA LTDA. uma parceria entre GRUPO A EDUCAÇÃO S.A. e McGRAW-HILL EDUCATION
Av. Jerônimo de Ornelas, 670 – Santana
90040-340 Porto Alegre RS
Fone (51) 3027-7000 Fax (51) 3027-7070

É proibida a duplicação ou reprodução deste volume, no todo ou em parte, sob quaisquer formas ou por quaisquer meios (eletrônico, mecânico, gravação, fotocópia, distribuição na Web e outros), sem permissão expressa da Editora.

SÃO PAULO
Av. Embaixador Macedo Soares, 10.735 – Pavilhão 5 – Cond. Espace Center
Vila Anastácio – 05095-035 – São Paulo SP
Fone (11) 3665-1100 Fax (11) 3667-1333

SAC 0800 703-3444 – www.grupoa.com.br
IMPRESSO NO BRASIL
PRINTED IN BRAZIL
Impresso sob demanda na Meta Brasil a pedido de Grupo A Educação.

Os autores

Juntos, nós temos mais de 80 anos de experiência na indústria e na academia. Elaine Millam já trabalhou com alunos em todos os níveis, do ensino fundamental até a pós-graduação, e passou muitos anos na indústria como responsável executiva pelo desenvolvimento de liderança e como *coach*. Ronald Bennett tem ampla experiência na indústria como engenheiro, executivo de engenharia, gerente geral, executivo de vendas B2B, empreendedor e educador e administrador universitário. Nossas experiências e pontos de vista convergem numa questão fundamental: a necessidade de ampliar ao máximo os talentos e as habilidades de profissionais técnicos.

Nós escrevemos este livro para ajudá-lo a alcançar seus objetivos profissionais e pessoais. Ele é voltado principalmente para profissionais técnicos, gerentes técnicos, estudantes de ciências e engenharia e outros com formação e experiência em ciência, tecnologia, engenharia e matemática.

Pessoas como você testaram todas as ideias contidas neste livro em diversas organizações: pessoas cujos atos levaram a realizações extraordinárias e a mudanças de vida. Este livro é sobre aprender a pensar, sentir e agir de maneira diferente. Ele é sobre o autoconhecimento, fazendo você perceber que já tem a maior parte do que você precisa.

Nem todo mundo quer ser um líder. Nós entendemos isso. Os conceitos e experiências que este livro abrange também o ajudarão a reconhecer uma boa liderança e a participar para fazer uma diferença significativa. Nós supomos que você está motivado a contribuir para tornar o mundo um lugar melhor.

CONVITE

Nós o convidamos para uma viagem com os profissionais técnicos que compartilharam suas experiências e perspectivas conosco. Leia suas narrativas de crescimento, aprendizagem e desenvolvimento. Procure seus desafios, suas experiências e seus momentos de realização. Imagine-se no lugar deles. Pense no que você faria e por quê.

Analise os testemunhos de líderes emergentes e deixe-os informarem suas escolhas e seus planos de liderança. Você pode usar os cenários descritos neste livro num processo de autoconhecimento, levando à sua própria visão de liderança eficaz.

No apêndice, junto com ferramentas e exercícios úteis, você encontrará nossas informações de contato. Se tiver perguntas ou comentários, queremos que você fale conosco.

Dedicatória

Este livro é dedicado à minha esposa, minha melhor amiga, Kathryn, por uma vida toda de apoio, estímulo e inspiração, e aos nossos três filhos incríveis, que são líderes por tornar as vidas daqueles que os cercam uma experiência alegre. A obra também não seria possível sem milhares de amigos e alunos que me enriqueceram ao longo da minha carreira; os ex-alunos que cederam gratuitamente seu tempo e suas experiências para demonstrar liderança em todos os níveis; e dois mentores especiais, Clint Larson e John Povolny, que ao longo de todas as suas carreiras profissionais e das suas vidas pessoais inspiraram a mim e a outras pessoas a libertar seus líderes internos. .

R. J. Bennett

Quero agradecer e dedicar este livro ao meu marido, Don, que sempre apoio meu trabalho de desenvolvimento de liderança e como professora. Também quero agradecer aos vários estudantes de pós-graduação e clientes que me ensinaram tanto sobre a vida, liderança e como mergulhar profundamente nas próprias buscas pessoais e profissionais, realizando sonhos que inicialmente não pareciam estar ao seu alcance.

E. R. Millam

Apresentação

Por **George W. Buckley**, diretor, presidente e CEO da 3M

Como humilde engenheiro eletricista que ao longo dos anos foi abençoado com muitas oportunidades de aprender e liderar, eu agradeço a Ron Bennett e Elaine Millam pela sua real contribuição para uma causa importante: ajudar profissionais técnicos a descobrir e desenvolver suas próprias habilidades de liderança. Não há dúvida que no começo da minha carreira eu teria me beneficiado dessa abordagem prática e de senso comum ao desenvolvimento da liderança.

Estou convencido de que a grande maioria das pessoas tem mais capacidade do que elas próprias percebem. Para algumas pessoas, esses talentos surgem em tempos de experiência e crise; outros desenvolvem suas habilidades ao longo dos anos, à medida que amadurecem. O que todos os líderes têm em comum, no entanto, é uma crença em algo melhor: uma abordagem melhor, uma tecnologia melhor, um empreendimento melhor e até mesmo um mundo melhor.

Para alcançar o objetivo de algo melhor, um líder precisa estar confortável com o nível de risco em meio à incerteza. Um líder precisa aceitar a responsabilidade de tomar decisões pessoalmente, ainda que algumas decisões sejam impopulares em alguns círculos. Outras decisões podem muito bem definir o sucesso ou o fracasso de um projeto, ou até mesmo de uma empresa. Por mais assustador que isso pareça, tenha certeza que líderes são bastante humanos. Eles aprendem pelas experiências — tanto boas quanto ruins — e acabam entendendo que confiança pode gerar ainda mais confiança.

Juntamente com confiança vêm a coragem e a inspiração: a coragem para fazer o que é certo diante da incerteza e da crítica e a inspiração que faz com que a oportunidade e o sucesso superem o medo do fracasso. Líderes bem-sucedidos também aprendem que o ego é um luxo pelo qual não se pode pagar. É melhor ter sua sombra do que suas impressões digitais nos resultados. Liderar não é o mesmo que gerenciar ou microgerenciar. A mentalidade do líder não é a mesma do gestor.

Liderança para Engenheiros trata diretamente dessa importante distinção. Estou certo que você o achará tão esclarecedor quanto eu.

Prefácio

A maioria dos livros sobre liderança é escrita por CEOs ou sobre eles. Muitos são inspiradores e interessantes, mas eles raramente fornecem ferramentas para ajudar outras pessoas a se tornarem líderes. No entanto, precisamos de liderança na indústria, na educação e no governo. Precisamos de liderança para estabelecer políticas públicas nas nossas comunidades e no nosso país. Precisamos de líderes em todos os níveis em todas as organizações, não apenas no conjunto executivo.

Na nossa visão, liderança é a capacidade e a coragem de criar uma visão que inspire outras, a capacidade de comunicar essa visão e de envolver todo o talento na organização para se concentrar no mesmo objetivo. Isto significa que você pode liderar independentemente do seu título ou do seu cargo.

Este livro baseia-se nas nossas experiências com o treinamento e o ensino de liderança, assim como nas experiências de vários estudantes de pós-graduação na Faculdade de Engenharia na Universidade de St. Thomas. Estes adultos entraram no programa como engenheiros, cientistas e outros profissionais técnicos. Eles compartilhavam objetivos de crescimento, aprendizagem e melhoria. Juntamente com instrução acadêmica e técnica, eles foram convidados a descobrirem seu potencial, a pensar de maneira ampla sobre suas contribuições para a sociedade e a criar planos para desenvolverem suas capacidades de liderança.

INDÚSTRIA E EDUCAÇÃO

Durante nossas carreiras na indústria, nós conhecemos vários profissionais técnicos talentosos. Apesar de alguns estarem satisfeitos com suas realizações pessoais e profissionais, outros claramente queriam mais. Entre estes engenheiros, cientistas, técnicos e matemáticos, muitos ficaram desiludidos com seus empregos. Sentiam-se desconectados das suas organizações e não viam como seu trabalho agregava valor.

Eles não estavam limitados por não terem capacidades técnicas, mas por não terem desenvolvido capacidades de liderança — ou a coragem e a paixão necessárias para usá-las. Ao contrário, eles e suas organizações não conseguiam se beneficiar desses talentos escondidos ou suprimidos.

À medida que passamos para a academia, tivemos a oportunidade de criar ambientes que ajudam esses profissionais a desenvolver suas capacidades de liderança, demonstrar sua coragem e descobrirem suas paixões. Nós acreditamos que se isso é possível na sala de aula, também deveria ser possível nas empresas.

A NECESSIDADE DE ENSINO DE LIDERANÇA

Para engenheiros, capacidades técnicas sólidas podem gerar sucesso profissional — mas muito mais é possível. Ao desenvolverem atributos de liderança, eles também podem realizar um reconhecimento maior e satisfação pessoal. Mais importante, conjuntos expandidos de habilidades permitem que engenheiros façam contribuições maiores às suas organizações, às suas comunidades e ao mundo em geral. Isso se reflete nas exigências da Accreditation Board for Engineering and Technology (ABET).

A Engineering Accreditation Commission da ABET especifica critérios para todos os programas de engenharia. O Critério 3, Resultados dos Estudantes, exige programas para mostrar que os estudantes obtêm 11 resultados, geralmente referidos como "a–k". Este livro aborda seis destes resultados, que são detalhados no apêndice.

Nas suas carreiras, várias pessoas treinadas como engenheiras passam para cargos de gestão. Apesar das exigências da ABET para resultados dos estudantes, poucos estão preparados para liderar com confiança — e poucas empresas os preparam para desenvolver as habilidades e as atitudes necessárias para serem bons líderes nas suas organizações.

Este livro orienta na inclusão de disciplinas de gestão e liderança em cursos já existentes, oferecendo oportunidades para analisar e avaliar vários resultados do Critério 3. Ele demonstra a necessidade de expandir o ensino de liderança para engenheiros praticantes, que são os líderes emergentes nas suas organizações, e fornece sugestões para abordagens alternativas, servindo como recurso para o estudo autodidata.

Com o generoso auxílio da Sociedade Americana Para o Ensino de Engenharia, ASEE, e a liderança Conselho do Reitor de Engenharia, em 2009, nós enviamos uma pesquisa de ensino de liderança Bennett e Millam 2012 para reitores de programas de engenharia nos Estados Unidos. Todos os respondentes — 100% — acreditam que o ensino da liderança seja importante para engenheiros, apesar de apenas 46% incluírem cursos relacionados em programas de graduação e apenas 21% em currículos de pós-graduação. Aqueles que não possuem cursos de liderança perguntaram como poderiam incorporar a matéria em programas que já são exigentes. Este livro é o um lugar para começar.

UMA DÉCADA DE DESCOBERTA

Onze anos atrás, como líderes no ensino de engenharia, nós começamos uma parceria com os nossos representados interessados em enviar seus profissionais de engenharia e tecnologia para a pós-graduação. Buscamos levantar os resultados eles mais valorizavam. A resposta foi clara. Eles queriam que fornecêssemos cursos técnicos que apresentassem ideias e tecnologias capazes de ajudar a resolver desafios empresariais. Mas eles também queriam que nós ajudássemos profissionais técnicos a se verem como líderes.

Diante disso, acrescentamos três cursos que abrangiam todo o programa de pós-graduação. Neste currículo, os estudantes começavam com uma base de conhecimento próprio e com uma definição compartilhada de liderança eficaz. Eles também faziam avaliações para entender seu potencial. Com atividades de aprendizagem entre cada curso, os estudantes desenvolveram a prática da liderança, conduzindo mudança e ampliando seu entendimento de necessidades e desafios globais.

Depois de nove anos de experiência com esses estudantes da pós-graduação (Bennett and Millam 2011a,b,c; Millam and Bennett 2004, 2011), rastreando e monitorando seu progresso, orientando-os e aconselhando-os ao longo do caminho, nós observamos um grande crescimento da parte deles. Eles fizeram escolhas sérias e estão se desafiando depois da formatura. A narrativa de cada pessoa é singular — e todos descobriram um caminho para contribuir.

Esses estudantes têm origens diferentes: administração, medicina, direito, tecnologia da informação, engenharia e outras formações técnicas. Eles trabalham em organizações locais, regionais, nacionais e mundiais. São profissionais técnicos de vanguarda e funcionam como um microcosmo de profissionais técnicos no mundo todo. Este livro compartilha suas descobertas e como eles estão lidando com os desafios que experimentam no seu ambiente e no mundo como um todo.

Eles perceberam que a liderança não diz respeito a cargo ou autoridade, mas de como eles atendem aos outros e se envolvem como eles. Agora eles pensam num líder eficaz como alguém que motiva os demais a alcançar objetivos compartilhados. E eles percebem que são necessárias pessoas em todos os níveis e com todas as capacidades para construírem organizações sólidas e eficazes. Neste livro, compartilhamos destaques do que eles aprenderam — e esperamos que você ache isso tão inspirador quanto nós achamos.

Sumário

Introdução 1

Parte 1 Desfazendo os mitos 3
    Capítulo 1 Mitos sobre nós mesmos como líderes 5
    Capítulo 2 Mitos sobre liderança 12
    Capítulo 3 Influências organizacionais 22
    Capítulo 4 Crenças sociais e familiares 29

Parte 2 Em busca do líder interior 37
    Capítulo 5 A verdade sobre você 39
    Capítulo 6 Avalie seu potencial de liderança 46
    Capítulo 7 Vislumbrando o que você deseja 58
    Capítulo 8 Desenvolvendo sua personalidade de líder: buscando apoio 74

Parte 3 Fazendo a diferença 87
    Capítulo 9 Seja a mudança que você quer ver 89
    Capítulo 10 Aprendizagem pela ação 100
    Capítulo 11 Elaborando seu roteiro 110
    Capítulo 12 Os relacionamentos são fundamentais 116

Parte 4 Por que o mundo precisa de você 131
    Capítulo 13 A vocação para a liderança 133
    Capítulo 14 Perspectivas ampliadas 139
    Capítulo 15 Colaboração através das fronteiras 147
    Capítulo 16 Liderança sustentável 154

Conclusão 163
Bibliografia 165
Índice 171

Introdução

Qual é o seu modelo mental? Alguma vez você parou para considerar o que o faz pensar como você pensa? O que sua voz interior lhe diz sobre si mesmo e o mundo? Suas crenças o mantêm aprendendo, buscando e querendo fazer uma diferença — ou elas o impedem de mudar, crescer e abrir mão do passado? Qualquer que seja sua história, você ainda pode fazer uma escolha. Seu modelo mental determina como você leva a vida e boa parte do que acontece nela.

Como profissional técnico em ciências, tecnologia, engenharia ou matemática, você tem habilidades e oportunidades singulares para fazer uma diferença neste mundo. Sua formação e seu treinamento são necessários para criar soluções para os enormes desafios deste século e além. Leve em conta esta lista e pergunte a você mesmo: "o que devo fazer"?

- Tornar a energia solar economicamente viável
- Desenvolver informática para a saúde
- Administrar o ciclo do nitrogênio
- Impedir o terror nuclear
- Fornecer acesso à água limpa
- Fornecer energia a partir da fusão
- Projetar medicamentos melhores
- Garantir o espaço cibernético
- Restaurar e melhorar a infraestrutura urbana
- Fazer engenharia reversa no cérebro

Por trás dos componentes emocionais e políticos destas questões existem problemas técnicos. Como profissional técnico, você tem o conhecimento, as habilidades e o ponto de vista necessário para resolvê-los. Para fazer uma diferença, você precisa de habilidades e atitudes de liderança. Isto significa reconhecer sua criatividade inata e combiná-la com as habilidades críticas de pensamento que o ajudam a separar o fato da ficção. Nós esperamos prender sua atenção e estimular seu desejo de fazer uma diferença.

Agora é a hora de investir no seu futuro e de se posicionar como líder. Nós queremos ajudá-lo a desenvolver uma mentalidade que diga: "eu posso e eu farei".

VISÃO GERAL

Neste livro, compartilhamos narrativas de líderes emergentes e suas experiências, assim como informações e ferramentas críticas que podem ajudá-lo, como profissional técnico, a refletir sobre sua experiência e decidir o que virá a seguir.

Você possui capacidades de liderança inexploradas. Este livro o ajudará a encontrar e desenvolver seu líder interno, a tornar-se a pessoa que você quer ser e a perseguir suas paixões de maneira produtiva e compensadora para você e para outras pessoas. Nós identificamos alguns mitos comuns para ajudá-lo a reconhecer suposições falsas. Depois o ajudamos a identificar suas próprias habilidades de liderança, a mostrar como você pode fazer uma diferença e explicar porque o mundo precisa da sua melhor parte.

Cada seção do livro inclui quatro capítulos, com perguntas de reflexão no final de cada um deles. Tome o tempo necessário para você próprio responder estas perguntas. Nós prometemos que você terá novas perspectivas.

Parte 1 — Desfazendo os mitos o ajudará a confrontar algumas das crenças erradas da sociedade em relação à liderança e a profissionais técnicos. Nós mostramos como outras pessoas contestaram cada um destes mitos e orientamos a abandonar as crenças erradas que você ainda mantém.

Parte 2 — Encontrando o líder interno o convida a começar uma autoavaliação, identificando pontos fortes, talentos, possibilidades e potencial. Ela o estimula a analisar o que você quer, suas necessidades e seus desejos — e depois criar um plano para se desenvolver como líder.

Parte 3 — Fazendo a diferença pede para você avaliar sua responsabilidade profissional e sua obrigação como profissional técnico. Ela o convida a "ser a mudança que você deseja ver no mundo" e fornece ferramentas e exercícios para ajudá-lo a se tornar exatamente isso.

Parte 4 — Por que o mundo precisa de você fala novamente sobre a demanda mundial por inovação, pensamento crítico, além de pensamento e funcionamento de sistemas. Ela reafirma os desafios deste e século e dos seguintes, mostrando por que as habilidades técnica e de liderança combinadas são tão importantes.

PARTE

1

Desfazendo os mitos

Esta seção revela e desfaz 20 mitos conhecidos que habitam nossas mentes, nossas vidas pessoais, nossas organizações e nossa sociedade.

Neste livro, um mito não é uma parábola do Monte Olimpo, mas sim um equívoco comum que limita nossa imaginação e nossas ambições. Alguns são baseados originalmente em fatos, apesar de terem se tornado menos precisos ao longo do tempo. Outros nunca foram verdadeiros, mas evoluíram a partir de narrativas independentes dentro de nossa cultura. Hoje eles ainda afetam os locais de trabalho e carreiras.

À medida que você ler estes mitos, pense sobre quais deles parecem crenças. Volte ao seu próprio passado e você poderá descobrir como essas crenças — esses mitos — afetaram seus pensamentos e suas ações. Você poderá perceber onde eles começaram e se eles ainda são relevantes.

Os primeiros cinco mitos nos mantêm pensando que, como pessoas comuns, não podemos liderar outras pessoas ou fazer uma diferença significativa. Outros capítulos o ajudarão a explorar os mitos sobre si mesmo, liderança, famílias, organizações e sociedade. Todos os mitos começam em algum lugar, e alguns irão parar aqui.

CAPÍTULO 1

Mitos sobre nós mesmos como líderes

■— Mito 1: Uma pessoa não pode fazer a diferença

Esta é uma crença peculiar, pois já foi refutada diversas vezes. Pense no impacto que cada uma destas pessoas teve sobre como entendemos o mundo e sobre como vivemos:

Alexander Graham Bell	Michael Faraday	Antoine Laurent Lavoisier
Niels Bohr	Enrico Fermi	Guglielmo Marconi
Nicolaus Copernicus	Henry Ford	Gregor Mendel
Seymour Cray	Benjamin Franklin	Isaac Newton
Francis Crick	Galileo Galilei	J. Robert Oppenheimer
Marie Curie	Robert Goddard	Louis Pasteur
Charles Darwin	Jane Goodall	Linus Pauling
Rene Descartes	Stephen Hawking	Max Planck
Rudolf Diesel	Grace Murray Hopper	Jonas Salk
Bonnie Dunbar	Johannes Kepler	Nikola Tesla
Thomas Edison	Jack Kilby	Leonardo Da Vinci
Albert Einstein	Alfred Kinsey	Eli Whitney

Não só estas pessoas descobriram ou criaram coisas que mudaram a história, mas todos eles tinham formação técnica em engenharia e ciência. Talvez você não reconheça todos os nomes na lista, mas a maioria deles deve parecer familiar. Adicione mais uma cientista à lista — a antropóloga Margaret Mead, a quem se atribui uma observação aguçada sobre a natureza humana e a inovação:

> Nunca duvide que um pequeno grupo de cidadãos que pensa e se compromete consiga mudar o mundo. É isso que, de fato, sempre existiu.

Nem todas as pessoas mudarão o mundo — mas você certamente pode fazer a diferença. Entre as pessoas que entrevistamos, com experiências e formações comuns a muitos profissionais técnicos, várias delas tomaram a iniciativa pessoal de promover mudanças quando algo não estava funcionando.

Carol Jacobs percebeu que seus colegas em uma grande empresa de produtos industriais e de consumo relutavam em se manifestar ou fazer perguntas. Carol falou e conseguiu. Agora outras pessoas a consideram um modelo. Wade Dennison identificou um grande problema estrutural na indústria de equipamentos médicos e organizou uma parceria entre indústria, universidade e governo para resolvê-lo. Bea Ellison fez mudanças radicais no processo de desenvolvimento de produto em uma grande empresa de tecnologia, reduzindo os tempos dos ciclos e aumentando o envolvimento organizacional. Essa é sua história:

> Bea Ellison, líder em ascensão em uma grande empresa, foi convidada a se reunir com clientes em busca de ideias sobre necessidades futuras. Pouco habituada a esse contato, uma vez que atuava como gerente de projeto, estava animada com a oportunidade. Os clientes solicitaram um produto que exigia uma série de novas tecnologias e lhe deram um papel de liderança no projeto. Em menos de seis meses do lançamento, sua equipe aumentou de 2 para 60 membros.
>
> Em razão do tamanho da equipe, dos desafios de comunicação e dos vários locais envolvidos, Bea fez uma reunião inicial de dois dias na sede da empresa. Lá, todos os membros da equipe foram informados sobre a origem do projeto, aprenderam com a *expertise* dos colegas e desenvolveram um roteiro para o lançamento do produto. Eles definiram critérios de desempenho e definiram funções e responsabilidades. Os membros da equipe deram um *feedback* fantástico sobre o processo. Eles se sentiram plenamente integrados com outros membros e ficaram empolgados por partir de um consenso sobre os desafios que estavam por vir.

Como mostra nossa história, uma pessoa corajosa pode dar início a mudanças que afetam toda uma organização. Convidar outras pessoas a fazer parte de um processo pode ter impacto de longo alcance. As ações de Bea podem inspirar outras pessoas a perceber oportunidades e agir. Uma mentalidade pode ser mudada.

▇─ Mito 2: "Eu sou apenas um técnico, não estou qualificado para ser um líder"

Muitas pessoas usam a desculpa: "Eu sou apenas um engenheiro ou um cientista e não tenho as credenciais para fazer a diferença" para não fazer o que elas sabem que é necessário. No entanto, elas estão na linha de frente — o melhor lugar para identificar problemas e para liderar a busca de soluções. As pessoas que conhecem os fatos técnicos e que se aproximam dos problemas são, justamente, as que podem fazer a diferença.

Muitas vezes profissionais técnicos impulsionaram a mudança, de Seymour Cray, contestando o projeto do computador convencional, a Roger Boisjoly, o engenheiro que tentou impedir o lançamento do ônibus espacial *Challenger* em 1986 porque acreditava com razão, que o sistema de vedação poderia falhar. Como técnico, você tem poder pessoal, que é maior do que o poder da posição. Você exerce influência sobre a organização informal que lhe dá suporte.

Imagine aplicar suas habilidades técnicas para projetar estruturas resistentes a terremotos ou equipamentos eólicos mais eficazes. Imagine um engenheiro genético manipulando organismos para ajudar a resolver a fome no mundo ou uma equipe de biólogos e engenheiros que criam dispositivos médicos para salvar vidas. Engenheiros mecânicos projetam e constroem máquinas que atendem a necessidades e desejos humanos. Lembre-se de que as pessoas que inventam produtos eletrônicos, aplicativos na Internet e outras conveniências também são engenheiros. Todos eles fazem a diferença.

Esta história mostra o quanto o poder pessoal pode ser importante:

Dan Jansen, gerente de programação numa fabricante de produtos de defesa, não teve subordinados diretos durante a maior parte da sua carreira, mas, ainda assim, as pessoas na sua organização o viam como um líder influente. Reunindo atributos como respeito, um histórico de tratamento justo com as pessoas, ética impecável e capacidade de resposta aos seus clientes, ele desenvolveu a confiança que se tornou a plataforma para a liderança. Dan já disse que se os jovens tentarem aprender filosofia e ética e aprenderem a ser verdadeiros consigo mesmos, eles reconhecerão mais facilmente o seu poder pessoal e serão mais capazes de usá-lo para desenvolver relacionamentos saudáveis e fortes.

Dan se recusou a acreditar que era "apenas um engenheiro". Viu como poderia exercer influência, reconhecer seu poder e ajudar os outros a encontrarem seu poder também. Conquistou liderança não por suas credenciais, mas por sua credibilidade.

▬ Mito 3: Cientistas e engenheiros não são treinados para serem líderes

Poucas pessoas associam perícia técnica com liderança, principalmente por causa do treinamento que prepara jovens adultos para carreiras. Poucos estudantes universitários apaixonados por ciência e engenharia também são atraídos para administração de empresas, que fornece um caminho comum para gestão e para a liderança executiva. Da mesma forma, alunos voltados para a administração raramente dedicam o mesmo esforço a assuntos técnicos.

Mas considere uma descrição mais ampla de liderança e o vínculo fará mais sentido. Um líder pode ser descrito como "alguém que o levará a algum lugar aonde você não iria sozinho". Um cientista procura descobrir — ir aonde os outros ainda não foram. E um engenheiro trabalha para criar coisas que nunca existiram antes. Tudo isso se parece muito com liderança.

Então considere o paradoxo existente dentro da administração de empresas. Um dos livros mais populares entre executivos é *O Príncipe*, do autor renascentista italiano Nicolau Maquiavel. Ele aconselhava os leitores a praticarem a gestão da imagem e a flexibilidade política e a evitar a mudança, se possível: "não há nada mais difícil de manipular, mais perigoso de conduzir ou mais incerto no seu sucesso, do que liderar na introdução de uma nova ordem das coisas".

Porém, numa empresa, não há nada mais perigoso do que *não* estar disposto a mudar. Além disso, as profissões técnicas estão constantemente mudando nossas vidas: o que sabemos, como melhoramos a condição humana e como lidamos com os recursos limitados do planeta. O papel do profissional técnico é criar a mudança. Aqui está um exemplo prático desse princípio:

Rae Collins, gerente de desenvolvimento que trabalha com produtos de impressão e imagens, estava disposta a inovar. Ela encontrou desafios positivos num setor dominado por homens, trabalhando com novas tecnologias, mudança constante e altos riscos. Ela administrava os fornecedores de maneira diferente de como aprendeu, de forma a construir relacionamentos fortes. Sua equipe estava desenvolvendo produtos que nunca existiram antes, mas seus concorrentes também estavam se movendo rapidamente. Ela aprendeu a administrar de baixo para cima em sua empresa, assumir riscos sem medo e ser fiel a si mesma. Esta liderança ajudou sua equipe a prevalecer — e a ser reconhecida por isso.

Líderes eficazes, como Rae, precisam acreditar em si mesmos, recrutar outros para conduzir a mudança e fazer o que consideram certo. Aqui está outro exemplo de mudança pessoal, levando a crescimento profissional, de forma inesperada:

Como funcionário qualificado de P&D numa empresa manufatureira, Jerry Johnson recebeu a oportunidade de liderar uma grande unidade de negócios. Logo após sua promoção, no entanto, a empresa passou por uma grande recessão e Jerry foi despedido. Ele ficou chocado, mas rapidamente procurou superar a situação, montando uma empresa com colegas da antiga empresa e trabalhando para desenvolver um produto inovador para a área militar. Além disso, ele passou a atuar como voluntário no atendimento a necessitados no Haiti e na América do Sul..

Jerry tem espírito empreendedor. Ele ganhou confiança e testou a si mesmo nessas experiências e construiu uma grande rede de relacionamentos que foi útil de muitas maneiras. Acabou sendo convidado para voltar a sua empresa original para assumir um papel de liderança em engenharia e decidiu não fazer isso — não ainda. Embora adore resolver problemas, Jerry agora se dedica a servir aos outros, fazendo co mundo um lugar melhor. Ele sente que, para liderar, é preciso assumir novos desafios e aprender coisas novas. É exatamente o que ele faz.

■— Mito 4: Se você desafiar o status quo, você poderá ser demitido

Você tem uma família para sustentar e uma hipoteca para pagar: verdadeiro. Você pode ter dificuldade para ser contratado em algum outro lugar se for demitido, então é melhor não arriscar: falso. De acordo com um executivo que conhecemos, se a demissão fosse o fim de uma carreira, não haveria um único CEO no setor de produtos eletrônicos. A verdadeira questão não é se você contesta as práticas atuais na sua organização, mas se você agrega valor ao fazer isso. É muito bom quando seu supervisor o incentiva:

> Como engenheira de qualidade numa grande empresa de dispositivos médicos, Corrine Anderson encontrou seu primeiro e mais significativo papel de liderança depois de participar de treinamento de just-in-time (JIT), um conceito novo na época. Ela abordou seu chefe e sugeriu que fizessem um esforço a partir da base para implementar a prática. Ele concordou. Ela montou uma equipe de colegas interessados e explicou suas metas. Eles executaram o plano, reduzindo em 50% o tempo de ciclo e diminuindo consideravelmente o estoque, o que levou a equipe a ganhar um prêmio interno. Desde então, a confiança de Corrine aumentou.

Corrine não teve medo de desafiar o *status quo*. Ela agiu, buscando apoio e envolvendo colegas interessados. Hank Bolles teve uma experiência semelhante:

> Hank percebeu que sua empresa tinha passado para um modelo de "comando e controle" que não era adequado para ele. Um ex-chefe tinha ido trabalhar em outra empresa, que estava começando a adotar métodos de produção em células. Este chefe recomendou o nome de Hank; por sua experiência e seu sucesso, ele foi contratado como gerente de projetos. Aplicou o conhecimento da sua experiência anterior à robótica, a *lasers* e à manipulação de material automatizado. Ele ganhou visibilidade junto à direção da empresa porque era apaixonado por mudança.
>
> Ao mesmo tempo, ele estava completando um mestrado em sistemas de manufatura. Avisou os principais gerentes que queria fazer algo mais estratégico. A empresa estava à procura de ajuda em inteligência competitiva, pesquisa de negócios e análise de aquisição e queria alguém com habilidades analíticas e conhecimento de operações. Escolheram Hank. Foi uma função totalmente nova para ele, combinando planejamento financeiro e análise. Foi uma nova função, também, para a empresa. Ninguém sabia defini-la com exatidão. Com a ajuda de um mentor, Hank aprendeu a comunicar-se na linguagem dos executivos da empresa. Ele agrega valor ao reunir um grande volume de dados complexos para criar *insights* úteis. Sua formação técnica o ajuda a entender informações detalhadas, e sua experiência de liderança o ajuda a transformá-las em sabedoria.

Tanto Hank quanto Corrine eram impetuosos e sabiam do que suas empresas precisavam e como se envolver com as pessoas para obter apoio, demonstrando como agregar valor real. Ainda assim, o medo da demissão impede que muitos profissionais técnicos se manifestem, mesmo quando percebem um problema e têm ideias sobre como resolvê-lo.

O fato é que mais pessoas são demitidas por agirem pouco, por deixarem de contribuir, do que por tentarem melhorar a forma como suas organizações funcionam. Aqui está outra pessoa que entrevistamos, que desafiou o pensamento convencional e foi recompensada com mais autoridade e responsabilidade por mostrar iniciativa.

Dan Jansen tinha um dilema pessoal e profissional. Respondia pela revisão de material, aceitando ou rejeitando o que acabara de chegar. Um lote de um componente-chave tinha falhado. Se ele o recusasse, sua empresa ficaria para trás num grande projeto do Departamento de Defesa que já estava atrasado. Apesar da pressão da administração para aceitá-lo e a preocupação de que sua decisão pudesse custar seu emprego, Dan fez o que acreditava que estava certo e rejeitou o material.

Numa conversa telefônica com o cliente empreiteiro e a Força Aérea, um negociador reconhecidamente difícil, o empreiteiro pediu que Dan explicasse sua decisão. Ele explicou. Como mais tarde disseram a Dan, o negociador pulou em cima da mesa e gritou, "PELO MENOS ALGUÉM AQUI SABE O QUE ESTÁ ACONTECENDO!"

Ele agradeceu a Dan e despediu-se. Em seguida, ele e a Força Aérea repreenderam os gestores. Dan não só manteve o emprego como tem recebido, continuamente, mais responsabilidade e agora lidera as iniciativas da empresa para melhorar a qualidade e entrega com todos os seus principais clientes de empresas aéreas comerciais no mundo todo.

Organizações inovadoras querem pessoas que promovem mudanças. Entretanto, hábitos são difíceis de mudar, então mesmo as mudanças que os principais gerentes alegam querer podem ser difíceis de realizar. Portanto, se uma empresa ou uma instituição demitir um profissional técnico por fazer a coisa certa, o problema estará com a organização. Não importa o que acontecer, essa experiência ajuda a desenvolver confiança e coragem — e com essas características, você pode fazer qualquer coisa.

■— Mito 5: A coisa mais arriscada que você pode fazer é se arriscar

Ainda que mudanças sejam arriscadas, mais arriscada é a ausência delas. Organizações bem-sucedidas percebem que mudanças ocorrem todos os dias. Líderes dentro dessas organizações precisam saber o que está acontecendo interna e externamente e devem estar prontos para reagir rapidamente e com confiança. Suas organizações precisam ser ágeis e estar preparadas para mudanças rápidas. Aqueles que não conseguirem ou não quiserem reagir a condições de mudança não vão durar. Todos nós já vimos essas empresas serem deixadas para trás.

Uma definição de risco é a probabilidade quantificável de perda ou de lucros abaixo do esperado. Observe que uma decisão de não mudar tem seus próprios riscos. Um setor inteiro pode ser transformado ou tornar-se obsoleto por uma nova tecnologia, ou por uma mudança nos hábitos de consumo. Quem continuar gerando os mesmos produtos e serviços poderá perder espaço no mercado, mesmo que nenhum concorrente direto ocupe seu lugar. Aqui está uma ilustração:

Considere as 50 principais empresas da lista Fortune 500 em 1955. Eram as empresas mais rentáveis e produtivas do país — e não faz muito tempo. Entre aquela época e agora, os Estados Unidos tiveram seus dois períodos mais longos de crescimento econômico. Você poderia esperar que a maioria daquelas empresas, se não todas, ainda fosse bem-sucedida atualmente mas, nesse caso, você estaria errado.

Em 2010, apenas sete das 50 principais empresas ainda estavam na lista. Das 10 principais, apenas duas permaneceram. Isso significa que 82% das empresas mais fortes afundaram em 55 anos, e que apenas 18% sobreviveram. Livros como *Good to Great,* de Jim Collins, e *The Innovator's Dilemma,* de Clayton Christensen, fornecem exemplos claros de empresas que persistiram e de outras que fracassaram. Muitas das que permaneceram mudaram drasticamente para se manterem de acordo com as exigências de mudança.

É razoável supor que a maior parte dessas empresas fracassou por *não* terem assumido riscos. No entanto, a verdadeira lição aqui se aplica ao futuro. O sucesso hoje não garante nem mesmo a sobrevivência amanhã.

Qualquer ação é melhor do que nada. É ainda mais provável que a ação seja bem-sucedida se for bem pensada, baseada em necessidades reais e com valor organizacional claro a longo prazo.

■— Reflexões sobre o Capítulo 1

1. Quando e onde você assumiu riscos na sua vida?
2. O que aconteceu quando você assumiu um risco, e o que você aprendeu?
3. Onde estão as oportunidades para você se manifestar na sua organização?
4. Como você pode promover mudanças que ajudem sua organização a alcançar melhor seus objetivos?
5. O que significa para você encontrar e exercer o seu poder pessoal?
6. Quando você exerce seu poder pessoal, quais são os resultados para você e sua organização?
7. Como você agrega valor à sua empresa? Como você sabe?
8. Quais mitos prendem sua atenção? De onde eles vieram?

CAPÍTULO

2

Mitos sobre liderança

Mito 6: Liderança é algo nato; algumas pessoas simplesmente têm o dom

Tornar-se um líder é sinônimo de se tornar o verdadeiro eu da pessoa. É exatamente simples e difícil assim.

— Warren Bennis, pioneiro de estudos de liderança

Essa declaração foi a plataforma para o desenvolvimento de uma série de cursos de liderança. Ela se baseia na ideia de que, para se desenvolver como líder, você deve analisar crenças, talentos, habilidades, interesses, motivações e visões do que você deseja criar em sua vida. Isso contradiz a crença de que algumas pessoas simplesmente "têm o dom". A liderança é desenvolvida, praticada e nutrida pela experiência diária e pelo apoio de outras pessoas.

Nas nossas entrevistas, descobrimos que líderes emergentes receberam mais responsabilidade por causa da habilidade que demonstraram. Alguns nunca souberam por que foram escolhidos. Poucos receberam das suas organizações ferramentas ou orientação para torná-los líderes melhores. Aqueles que receberam tornaram-se mais conscientemente competentes, sabiam por que tinham sido escolhidos e foram fortes iniciadores dos seus movimentos de liderança. Eles influenciaram suas organizações a tomar as decisões certas.

Betty Jarrett, líder emergente numa empresa de alta tecnologia, teve vários cargos ao longo dos seus 22 anos de carreira, variando de especialista em cadeia de suprimentos a líder de TI. Ela é faixa preta em Seis Sigma e já liderou vários projetos desafiadores, passando de um projeto para o seguinte a cada 18 meses, mais ou menos.

Graças à sua energia, foco e imaginação, ela teve muito êxito em sua empresa e recebeu vários prêmios. Betty foca em seus objetivos e confia que tomar a medida mais responsável agora a beneficiará no futuro.

Betty acredita em ajudar outras pessoas a atingir seu potencial máximo. Ela é amável, confiante, perspicaz e sincera, além de rapidamente dar mérito à sua equipe. Ela também assume a responsabilidade pelo seu próprio desenvolvimento. Essas não são características genéticas, mas sim habilidades aprendidas.

Aprendemos de muitas maneiras — algumas por tentativa e erro, outras de forma mais espontânea a partir das lições de outros. Também aprendemos com os outros, ao pôr em prática habilidades aprendidas recentemente, ao receber *feedback* de um grupo de apoio e ao nos esforçarmos continuamente para melhorar as nossas capacidades, construir relações fortes e saudáveis, visões pessoais e organizacionais, bem como para inspirar outras pessoas a também alcançar essa visão.

Quando os ex-alunos que entrevistamos se viram como líderes pela primeira vez, a experiência foi simultaneamente assustadora, audaciosa e inspiradora. Eles nunca tinham pensado em si mesmos como líderes, nunca tinham efetivamente percebido suas capacidades e se perguntavam em voz alta por que tinham acreditado em tantos dos mitos. À medida que colocaram tais habilidades em prática, no entanto, descobriram que poderiam estar prontos para qualquer ocasião, perceberam o desejo que tinham de fazer a diferença e encontraram suas próprias maneiras de realizar as coisas.

> Não tenha medo da grandeza: alguns nascem grandes, alguns alcançam a grandeza e alguns têm a grandeaza imposta a eles.
>
> — Malvólio, Noite de Reis, de Shakespeare

Mito 7: Você precisa de um título para ser chamado de líder

Na maioria das organizações, um título indica tanto seu papel funcional quanto sua posição em relação aos demais. Não é de admirar que associemos liderança com classificação. No entanto, já vimos uma liderança eficaz em vários lugares da organização. Você provavelmente também já viu isto, então deixemos de lado esse mito.

Não existe uma única maneira correta de liderar, nem existe uma receita de como fazê-lo. Trata-se de um processo de aprendizagem e de desenvolvimento próprio. Comece sabendo claramente quem você é e reconhecendo seus dons, talentos, habilidades, conhecimentos, interesses e paixões, além dos seus pontos fortes e fracos. Em seguida, determine qual influência você quer ter no seu ambiente — independentemente de ser sua casa e família, seu ambiente social, seu local de trabalho, sua comunidade ou o mundo em geral. Você pode ser um líder onde quer que esteja, comunicando-se de maneira clara e honesta, ajudando outros a se tornarem fortes, sabendo como realizar as coisas e trabalhando com integridade.

> "Conhece-te a ti mesmo" era a inscrição sobre o Oráculo, em Delfos. E ainda é a tarefa mais difícil. No entanto, até que você realmente se conheça, com seus pontos fortes e fracos, até que saiba o que cuer fazer e por que fazer, você não pode ter sucesso além do sentido mais superficial da palavra. Um líder nunca mente para si, especialmente sobre si próprio. Ele conhece tanto seus defeitos quanto suas qualidades e lida diretamente com ambos. Você é sua própria matéria-prima. Quando você sabe no que consiste e o que quer fazer com isso, então você pode se inventar.
>
> — Warren Bennis, *On Becoming a Leader* (1989)

Um título não faz e nunca fez um líder. Lech Walesa é um bom exemplo. Como eletricista no estaleiro de Gdansk, Polônia, ele se manifestou em nome de seus colegas de trabalho, vizinhos e cidadãos. Sua paixão por maior liberdade econômica e política fez dele um líder ao mudar o governo do seu país. Ele se tornou presidente — mas ele já era um líder muito tempo antes de ter qualquer título.

Quando se pediu que líderes em treinamento identificassem as pessoas que *eles* consideravam líderes, a maioria respondeu um parente, um professor ou alguém do seu próprio passado que não tinha título. Essas pessoas foram influentes porque proporcionaram confiança, apoio e estímulo. Os mentores mostraram, pelo exemplo, como viver com integridade, ajudar os outros de forma carinhosa e buscar a realização independentemente de isso trazer reconhecimento ou não.

Em nossas entrevistas, encontramos muitos exemplos de líderes surgindo dentro das organizações. Aqui estão duas dessas histórias:

Bobby Bridges era gerente de engenharia em uma montadora de caminhões. Por muitos anos, o grupo de qualidade corporativa tinha tentado estabelecer um processo de cima para baixo para monitorar e corrigir problemas de soldagem da cabine, mas nunca funcionou. Bobby tinha desenvolvido um processo melhorado para fazer isso em sua fábrica. Agora, cada solda poderia ser rastreada por uma máquina e uma ferramenta específicas, para que defeitos pudessem ser detectados e corrigidos rapidamente. Ele compartilhou isso com seus colegas em outras fábricas e a novidade se espalhou. O processo foi aceito imediatamente e passou a ser o padrão da empresa. Bobby simplesmente compartilhou os métodos que desenvolveu e foi reconhecido na empresa como o líder da iniciativa.

Nate Keyes foi contratado como vice-presidente de produção em uma empresa que fabrica ferramentas para ao consumidor final. Ainda que fosse uma boa empresa, havia trabalho a ser feito e suas habilidades de liderança pessoal foram testadas. Ele se lembra de sua primeira reunião com o gerente de produção e de perguntar "como está sua qualidade?" O gerente respondeu: "Ela está tão boa que não a medimos".

Nate sugeriu ao gerente que pegasse alguns baldes cor de laranja e os espalhasse pela fábrica. Se por acaso houvesse algum defeito, a peça poderia ser colocada no balde. Quando o balde ficasse cheio, eles o colocariam na entrada principal para que todos os funcionários vissem. Não demorou muito para encher um balde, depois dois, depois vários. Um dos fabricantes experientes foi ao escritório de Nate e disse, "eu acho que você está tramando algo." Ele ajudou os funcionários a descobrirem o problema por conta própria e criou um ambiente para que eles o resolvessem. Embora Nate tivesse poder pelo cargo que ocupava, foi seu poder pessoal que fez a diferença.

Liderança é um processo de influenciar as atividades de um grupo para alcançar objetivos comuns. Isso acontece de várias maneiras, algumas menos inspiradoras do que outras. Essa definição pode ser conduzida por um líder autoritário, um líder que acredite no poder compartilhado, um líder calmo e despretensioso ou qualquer outro tipo de líder.

Às vezes a liderança não é desenvolvida no ambiente de trabalho, mas pela experiência de voluntários. Dick Bastion era engenheiro em uma empresa que produzia computadores *mainframe*. Seu chefe o apoiou muito e o tinha ensinado a valorizar a contribuição de todos. Ele queria homenageá-la de alguma forma — e sua chance não demorou para aparecer.

Dick tinha se juntado aos Jaycees, onde obteve uma perspectiva diferente sobre a liderança. Seu primeiro projeto com a Jaycees foi participar de uma cerimônia de premiação do "Chefe do Ano" para chefes que orientavam ou ensinavam seus funcionários. Ele indicou o próprio chefe e perguntou como poderia ajudar. Para sua surpresa, Dick foi colocado no comando. Ele tinha o apoio dos membros do conselho e o evento foi um sucesso.

Embora isso tenha forçado Dick a sair da sua zona de conforto, foi uma experiência positiva. Desde então, ele assumiu funções avançadas de liderança na organização, até o nível estadual, e desenvolveu habilidades de oratória úteis tanto para seu avanço pessoal quanto para sua carreira. Ele percebeu que sua principal motivação era servir a sociedade. Em suas atividades como voluntário, ele tem grande satisfação de saber que faz a diferença.

Pense sobre qual tipo de líder essa definição sugere e observe o que parece ser eficaz nesses casos.

Mito 8: Líderes falam o que os outros devem fazer

Os melhores líderes são ouvintes ativos que lideram em um estilo socrático, fazendo perguntas e desenvolvendo ainda mais sua capacidade de perguntar. Eles sabem que os seus colegas têm um conhecimento maior e mais amplo coletivamente do que individualmente, então passam a criar o ambiente e as condições para que todos possam atuar como equipe.

Um exemplo clássico dessa liderança coletiva está refletido no Modelo de Criação de Valor. Ele mostra como as organizações criam valor para vários grupos de interesse. Funcionários motivados criam processos inovadores, que resultam em produtos empolgantes e que geram novos negócios, ao mesmo tempo em que desenvolvem operações enxutas que diminuem custos. Os resultados são *stakeholders* felizes e um impacto organizacional na sociedade. No entanto, isso só pode acontecer de maneira consistente se a organização souber criar e sustentar uma cultura que incentive a inovação e que dê apoio para que funcionários experimentem coisas novas e corram riscos.

Tal modelo foi criado na Honeywell, desenvolvido com o envolvimento de muitos líderes e seguidores da organização. Eles colaboraram para mostrar como todas as partes interessadas devem trabalhar juntas em sincronia umas com as outras — não necessariamente tendo líderes dizendo o que os outros devem fazer.

O Modelo de Criação de Valor oferece uma oportunidade para que todos em uma organização entendam melhor sua interdependência, bem como seu impacto potencial sobre a sociedade. Representa a possibilidade numa organização quando todos estão em sincronia com objetivos e vozes (veja a Figura 2.1).

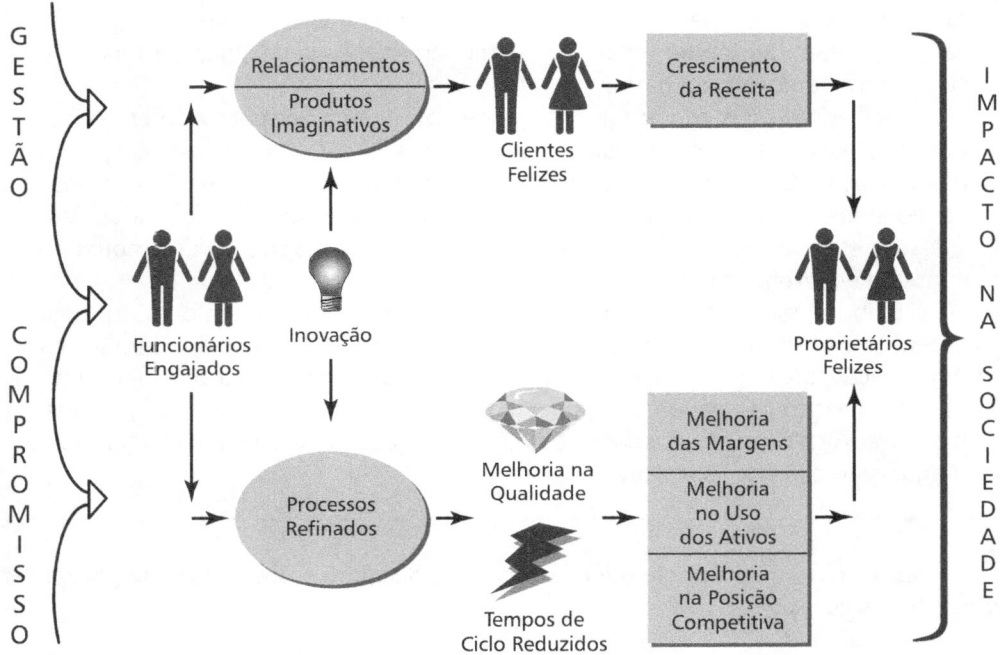

FIGURA 2.1 Modelo de criação de valor.

Em relatos anteriores, mencionamos a abordagem de vários líderes emergentes. Eles falam sobre a importância de ouvir e de criar respeito mútuo. Percebem que ficam irritados com quem está "concentrado na promoção", trabalhando politicamente. O caso de Ellie reflete como ela exerceu uma abordagem de escuta ativa, em vez de dizer aos outros o que fazer:

> Como líder de uma equipe pequena em uma fabricante de equipamentos médicos, Ellie Fitzgerald foi confrontada com uma situação em que os quatro membros da equipe tinham pontos de vista diferentes sobre como lidar com uma determinada situação. Ellie marcou uma reunião de duas horas e ficou diante do quadro branco, anotando os prós e os contras de cada abordagem, fazendo perguntas à equipe e documentando suas respostas. Isso ajudou os membros da equipe a reco-

nhecer o caminho adequado, e ela simplesmente facilitou a discussão de maneira produtiva. A equipe concordou com uma abordagem e, quando saíram da sala, todos sentiram que suas ideias tinham sido ouvidas e respeitadas.

Mito 9: Apenas extrovertidos podem ser bons líderes

Como a engenharia e a ciência atraem muitas pessoas introvertidas, tal mito contribui para a impressão equivocada de que eles não podem ser líderes. Para um exemplo dramático tanto na vida pública quanto na vida privada, considere o ex-presidente Jimmy Carter, um introvertido engenheiro nuclear. Ele reúne pessoas de todos os países e níveis socioeconômicos, bem como aqueles divididos em relação a quase qualquer assunto, ajudando-os a entender os objetivos do outro e a colaborar para alcançá-los. Todos os tipos podem se tornar líderes, uma vez que não há um estilo melhor do que outro.

Entre os profissionais técnicos e estudantes que conhecemos, muitos usaram o Indicador de Tipo Myers-Briggs (MBTI) para aumentar a percepção de seus próprios pensamentos e sentimentos. Esse questionário de avaliação de personalidade é projetado para medir como as pessoas percebem o mundo e tomam decisões. As classificações, chamadas de tipos, são baseadas nas teorias do psicólogo Carl Jung. A ferramenta de avaliação foi criada durante a Segunda Guerra Mundial para ajudar mulheres principiantes na mão de obra industrial a se encaixarem em cargos, do período da guerra, para os quais elas estavam qualificadas.

O exercício de avaliação de personalidade MBTI divide as pessoas em dois grupos para cada uma das quatro características:

- Extroversão (E) ou Introversão (I)
- Sensação (S) ou Intuição (N)
- Pensamento (T) ou Sentimento (F)
- Julgamento (J) ou Percepção (P)

Essas classificações não são absolutas. Elas representam escalas de uma para a outra, em um total de 16 tipos potenciais. Nós descobrimos que jovens adultos nas áreas de engenharia e tecnologia estavam espalhados por todos os 16 tipos, mas com algumas tendências bem definidas. Havia mais introvertidos do que extrovertidos. Esses introvertidos são os pensadores, que preferem refletir por um tempo antes de se manifestar. Eles tendem a ganhar energia quando têm um tempo a sós para reflexão, para pensarem melhor antes de agir. Eles gostam de concentração e reflexão e focam no mundo interior das ideias e do que pode acontecer. Muitas destas características introvertidas realmente ajudam pessoas a se tornar líderes eficazes.

Outras avaliações úteis são estilos de aprendizagem, estilos sociais e competências emocionais. Em outra seção, discutimos os estilos sociais e estilos de aprendizagem *Prático, Expressivo, Amável e Analítico*, que muitas vezes estão relacionados a tipos MBTI. Ferramentas de avaliação diferentes podem trazer resultados semelhantes. Por exemplo, extrovertidos são basicamente expressivos, com características de alta assertividade e alta receptividade. Amáveis são muito receptivos, mas têm baixa assertividade. Dwight D. Eisenhower era um amável — mas foi escolhido para liderar as forças aliadas na Europa durante a Segunda Guerra Mundial, no lugar dos extrovertidos Patton ou Montgomery, porque ele sabia como se concentrar num objetivo e fornecer liderança para as personalidades fortes que executariam os planos de guerra. Eisenhower tinha o conjunto de características necessário para a situação.

> Orrin Matthews é um líder introvertido que se importa muito com as pessoas. Como procedimento padrão, Orrin ouve com atenção os membros de sua equipe e sabe o que os motiva; quer vê-los ter sucesso na empresa. Ele ganhou uma sólida reputação de justiça e generosidade entre as pessoas em todos os níveis da sua empresa. Além disso, é modesto ao explicar como obtém o melhor dos seus funcionários e como influencia a cultura corporativa de sua organização.
>
> Orrin também reconhece uma possível desvantagem na sua abordagem. Como quer dar às pessoas o benefício da dúvida, ele pode ignorar ou permitir comportamentos menos produtivos. No entanto, ele é um exemplo para os outros, mostrando o quanto valoriza a aprendizagem contínua. Ele espera que eles continuem lendo, experimentando coisas novas, trazendo ideias para novos projetos e evitando a displicência. Em troca, tem o respeito dos colegas.

Inúmeras outras pessoas com uma vasta gama de habilidades, capacidades e preferências tornaram-se líderes, mesmo que menos conhecidos. Eles têm vários estilos e preferências — mas sabem o que motiva as pessoas e como envolver os outros na criação de uma visão compartilhada. Essas características de liderança estão bem demonstradas nas pessoas que entrevistamos.

Mito 10: Liderança significa autoridade

Muitos profissionais técnicos, se não a maioria, gostam de contato direto com suas áreas de especialidade. Cientistas, por exemplo, gostam de estar em laboratórios e engenheiros gostam de estar em bancos de testes. Ao contrário, não se espera que pessoas com títulos de gestão e com autoridade de supervisão lidem com assuntos técnicos. Isso não costuma ser um requisito para cargos executivos, mas contribui para a ideia equivocada de que as pessoas com títulos de liderança e aquelas com conhecimento técnico têm conjuntos de habilidades completamente separados.

Este mito é um primo próximo daquele sobre o título, com o acréscimo de autoridade — uma crença de que alguém precisa agir como autoridade simbólica. No entanto, autoridade pelo cargo não garante a liderança. Na verdade, uma vez que a autoridade pelo cargo costuma ser dominada pela necessidade de gerir orçamentos, projetos e logística, ela reduz o tempo e a energia disponível para liderar pessoas, ser criativo, envolver os outros e alinhar equipes. Gestão e liderança são competências complementares — mas nem todos os gestores são líderes.

Em vez de exigir ou dar ordens, os líderes se unem a outras pessoas nas suas organizações para atingir objetivos mútuos. A liderança está relacionada com colaboração, trabalho em equipe e inovação que fazem surgir novas ideias, novas tecnologias, novas invenções e até mesmo novas formas de trabalhar em conjunto. Ela prospera em equipes multifuncionais, no diálogo respeitoso equilibrado com conflito construtivo, integridade pessoal e desafio. Seu "chefe" pode ter mais poder e mais autoridade do que você, mas ele e sua organização precisam de você, das suas ideias e do seu pleno envolvimento para terem sucesso.

Mac Casey, engenheiro de qualidade numa grande organização industrial conhecida pela inovação e pela liderança global, passou por momentos difíceis nos últimos três anos. Ele sobreviveu a quatro rodadas de demissões e foi pressionado para cumprir exigências cada vez mais difíceis: reduzir custos, reagir a OEMs exigentes no seu setor e assumir a carga de trabalho de uma equipe reduzida em 40%.

Foi um momento de aprendizado de várias maneiras — como adaptar-se e manter-se flexível e assumir tarefas extras, mesmo no momento em que a força de trabalho está desmoralizada. Ele agradece pelos cursos de pós-graduação que fez, aprendendo a liderar pelo exemplo e pela influência. Essas duas habilidades fundamentais recentemente o salvaram.

Independentemente dos desafios em seu local de trabalho, ele faz negócios utilizando gestão de influência, facilitando a resolução de problemas e de conflitos e liderando uma equipe de funcionários internos. Ele não lidera em função do cargo, mas pela influência com grupos variados como seus fornecedores ou equipes de projeto.

Seu plano principal era fazer diferença na vida das pessoas e se tornar mais capacitado para ajudar os outros a definirem prioridades. Ele trabalha para ajudar as pessoas a ficarem motivadas e desafiadas e para que elas façam contribuições significativas, enquanto realizam seus sonhos. Ele ainda está aprendendo como líder emergente — e é grato por poder provar sua capacidade mais plenamente através das suas experiências.

Muitos dos líderes em desenvolvimento que entrevistamos falaram sobre a maneira como transformaram seu próprio pensamento e, consequentemente, suas ações como verdadeiros líderes em suas organizações.

Esses exemplos mostram uma abordagem eficaz para a liderança. Em vez de ser a autoridade que fala, relata ou vende, este tipo de líder ganha confiança e envolve as pessoas. É necessário um conjunto especial de habilidades para investir em pessoas, aprender o que as motiva e levá-las a descobrir suas maiores capacidades. Em organizações com esses tipos de líderes, os resultados são fáceis de ver. Eles envolvem os outros, os incentivam a considerar novas possibilidades e a trazer suas personalidades de forma completa para o trabalho.

Mito 11: Técnicos trabalham com coisas; líderes concentram-se em pessoas

Apesar de os funcionários técnicos *efetivamente* trabalharem com coisas e *realmente* terem trabalhado sozinhos no passado, isso não ocorre mais. Hoje, trabalham em equipes baseadas em pessoas e relacionamentos. Precisam envolver outras pessoas em apresentações orais, relatórios de projeto e análises técnicas, tarefas que exigem habilidades de comunicação. Alguns técnicos já são bons nisso, enquanto outros precisam desenvolver suas habilidades — mas todas as carreiras técnicas exigem habilidades pessoais.

O Dr. Joe Ling, ex-chefe do programa 3Ps (Pollution Prevention Pays) na 3M e membro da Academia Nacional de Engenharia, tinha um ditado: *"questões* ambientais são emocionais; *decisões* ambientais são políticas; *soluções* ambientais são técnicas". Apesar de as respostas às questões ambientais e de outras naturezas serem técnicas, o que é domínio de profissionais técnicos, eles também devem conhecer os aspectos emocionais e políticos das questões e ser capazes de lidar com eles. Aqui está um profissional técnico que aprendeu a importância de habilidades pessoais:

Quando Dan Jansen era garoto, perguntava ao seu pai o que seria quando crescesse. A resposta do pai era sempre a mesma: você vai ser um vendedor. Dan odiava essa resposta. Pensava em vendedores de carros, de enciclopédias e em outros tipos de vendedores na época e não queria fazer aquilo. Então, ele parou de perguntar.

Anos mais tarde, como engenheiro que convencia a gerência a gastar US$ 175.000 num projeto, ele percebeu que era um vendedor. Reconheceu uma necessidade, compreendeu o valor de satisfazer essa necessidade e acreditou que era bom para a empresa. Ele tinha descoberto os quatro princípios básicos do processo de venda ou de influência — confiança, necessidade, ajuda e ansiedade de decisão. Seu supervisor na década de 1990 o ensinou a fazer uma apresentação à gerência com este conselho: conheça seu público-alvo.

Agora, Dan é gerente de programas e engenheiro. Quando questionado sobre o que faz, ele responde: "sou vendedor". Nas iniciativas que defende, ele tem que vender suas ideias. Sua capacidade como vendedor lhe permite direcionar o poder de suas habilidades técnicas para soluções envolvendo os membros de sua equipe.

Uma vez que eles adquirem as habilidades de liderança pela experiência de trabalho e de cursos de pós-graduação, muitos profissionais técnicos se inspiram a buscar doutorados ou avanços na carreira. Muitas vezes essa escolha reflete um desejo de influenciar os outros e de desempenhar um papel mais amplo na sociedade tanto através da liderança quanto da aprendizagem.

Cal Archer é engenheiro há 26 anos e se orgulha desse fato. Mudou-se para Minnesota há 10 anos e trabalha como gerente de engenharia num grande fabricante de equipamentos de defesa. Ele ocupou vários cargos de liderança no Instituto de Engenheiros Elétricos e Eletrônicos (IEEE), na Sociedade de Engenheiros Profissionais de Minnesota e no Instituto Americano de Aeronáutica e Astronáutica e planeja continuar com esses relacionamentos.

No entanto, ele tem certeza da sua necessidade de "dar retorno" à sociedade de forma que ele considere útil. Na esperança de orientar uma geração mais jovem a liderar de maneiras novas e diferentes, ele começou um programa de doutorado em liderança organizacional.

Ele quer manter sua mente aberta a novas ideias e acha que ler e escrever o ajudam a buscar sabedoria e evitar o pessimismo. Cal está cheio de energia e esperança para o futuro. Seus objetivos para o ensino, a tutoria e a prestação de serviço em organizações profissionais são criticamente importantes para ele.

Cal é calmo e despretensioso, mas seus dons são evidentes. Sabe como se aproximar dos outros e estimulá-los a fazer o seu melhor. É um membro da equipe que se certifica de que outras pessoas tenham crédito por suas contribuições. Ao se concentrar na sua própria aprendizagem, ele fica ciente das novidades na sua organização, no seu setor e no mundo em geral.

Reflexões sobre o Capítulo 2

1. Quem você indicaria como o líder mais admirado na sua experiência?
2. Quais características tornaram esta pessoa influente na sua vida?
3. Como esta pessoa fazia você se sentir?
4. Como você define liderança eficaz ou seus ingredientes?
5. Pense numa experiência que você teve com um líder poderoso. O que você aprendeu?
6. Como você já tentou usar esse conhecimento em suas próprias práticas de liderança?
7. Quais práticas de liderança o mantêm pensando e crescendo?
8. Quem são os adeptos que o mantêm na linha e o responsabilizam?
9. Se você desenvolvesse seu próprio modelo de liderança, quais seriam as variáveis mais críticas?

CAPÍTULO

3

Influências organizacionais

Mito 12: As organizações não tratam profissionais técnicos como líderes

Esse mito é um dos mitos a respeito de profissionais técnicos. Os outros asseguram que os técnicos preferem trabalhar sozinhos ou que falta a eles habilidades de comunicação interpessoal. Todos estes mitos habitam o local de trabalho, onde se tornam parte da cultura de uma organização. Como resultado, poucos técnicos são considerados adequados para a liderança, até por si mesmos. Os fatos negam este e outros mitos. Na verdade, muitos engenheiros e cientistas são promovidos a cargos de liderança (National Science Foundation, 2003) (veja a Figura 3.1). Uma vez que detêm esses cargos, são vistos como gerentes, apesar de raramente receberem treinamento para a gestão de pessoal. O que eles aprendem sobre gestão costuma vir dos modelos ao seu redor — para o bem e para o mal. Alguns têm a sorte de terem mentores, mas a maioria aprende por tentativa e erro, raramente buscando ajuda de outros.

Quando líderes das áreas de engenharia e ciências exatas são bem-sucedidos, eles talvez não atribuam seu sucesso ao treinamento inicial ou à carreira escolhida. Por exemplo, no livro de Bill George, *True North*, ele não informa que é formado em engenharia. Em livros semelhantes, líderes formados nas áreas da ciência ou da engenharia são mencionados como gestores, fundadores ou empreendedores. Sua história técnica é invisível. Uma exceção é Seymour Cray, da Cray Research, que manteve o título de engenheiro, juntamente com os de fundador, empreendedor, CEO e presidente.

Estatisticamente, muitos líderes de ciência e engenharia tornaram-se gestores e líderes em suas organizações. Quando avaliar seu futuro e sua organização, pense nisto: a Fundação Nacional de Ciência relatou em 2010 que mais de 20% dos profissionais graduados em assuntos técnicos são promovidos a gerentes em até 30 anos. (Veja a Figura 3.1).

Claro que existe uma diferença entre administrar coisas e liderar pessoas. Nós descobrimos que a maioria dos técnicos acreditava que suas organizações estavam concentradas em coisas, inclusive a rentabilidade e o valor ao acionista. Quando discutimos as diferenças entre gestão e liderança, profissionais técnicos nos disseram que servir como gerente era esperado e que compensava. Isso significava que era importante permanecer dentro do orçamento, concentrar em resultados de curto prazo, aceitar o *status quo*, prestar atenção a sistemas e estrutura e ser um bom administrador.

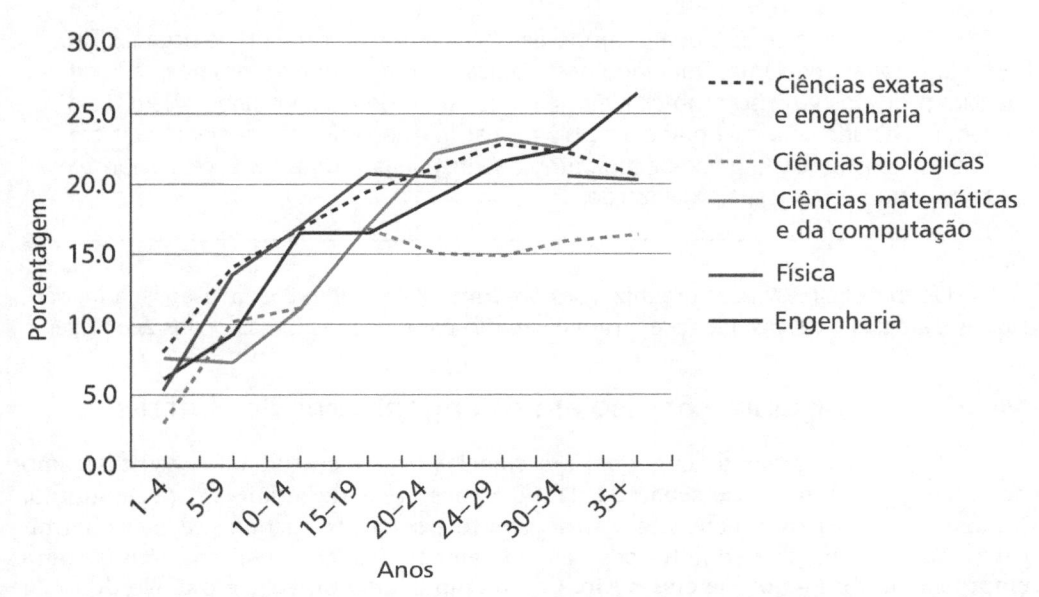

FIGURA 3.1 Bacharéis em ciências exatas e engenharia em cargos de gestão desde a graduação (2003).

Fonte: National Science Foundation, 2003.

No entanto, quando discutimos liderança, eles enfatizaram originalidade e inovação, concentrando-se em pessoas e processos, com uma perspectiva de longo prazo, perguntando o que e por que, em vez de como e quando, contestando o *status quo*, desenvolvendo outros, inspirando confiança e fazendo a coisa certa em vez de fazendo as coisas do jeito certo. Muitos autores escreveram sobre essas distinções (Bennis and Nanus, 2003; Kotter and Rothgeber, 2006; Rosen and Berger, 2002). No entanto, poucas organizações funcionam como se o sucesso exigisse as duas coisas — como se resultados eficazes dependessem de uma liderança verdadeira. Alguns dos profissionais técnicos que entrevistamos estão mostrando como deve ser feito. Você pode ser um deles. Aqui está outro jeito de se fazer:

Sam Allen, gerente de Pesquisa e Desenvolvimento numa empresa de equipamentos médicos, achou que tivesse feito distinções claras entre gestão e liderança. Depois de estudar os dois conceitos, tanto na teoria quanto na prática, ele diz que agora entende como a liderança pode e deve ser exercida em todos os níveis da organização.

Concentrar-se continuamente na autoconsciência era fundamental para Sam. Ele usa essa compreensão para moldar sua estratégia de liderança e também usa princípios e valores claros tanto na sua vida pessoal quanto profissional. Dar exemplo ao liderar é importante para Sam, que acredita firmemente que deve ser coerente com o próprio discurso: "Eu não pediria a alguém na minha organização para fazer alguma coisa que eu mesmo não faria".

Sam orgulha-se de ajudar o grupo de P&D a se transformar numa organização voltada para o paciente. Trabalhou para colocar seus engenheiros em hospitais, ver seus produtos em uso e obter ideias e comentários de usuários finais. Além disso, tem trabalhado para melhorar o acesso à formação e garantir financiamento pela empresa para isso. Tem orgulho de seu grupo e sente que, ao combinar ética, liderança e paixão, transformou sua organização.

Líderes eficazes criam organizações produtivas. Articulando sua visão, sua missão, suas estratégias e táticas, eles preparam o cenário para fazer as coisas certas acontecer.

Mito 13: As organizações isolam os engenheiros dos líderes

Pessoas nas áreas de engenharia e ciências exatas costumam ser vistas como pertencentes a uma classe separada daquelas nas áreas de administração e gestão. Na maioria dos casos, no entanto, isso só acontece se os profissionais técnicos permitirem. Para combater esse mito, pessoas em campos técnicos precisam pensar como empreendedores — porque elas o são. Como empreendedor, você é o único dono da sua carreira e é o único responsável pela sua própria vida. Você escolhe o que quer fazer e como você quer fazer isso. Ninguém fala em seu nome, a não ser você mesmo. Aqui estão as coisas que você precisa fazer para assumir o controle do seu destino profissional:

- **Imponha-se.** Manifeste-se, fale abertamente, deixe que as outras pessoas na organização saibam sobre seus interesses e suas capacidades.
- **Adote um pensamento sistêmico.** Pergunte como você pode agregar valor à sua organização, como seu trabalho se relaciona com a empresa e como sua organização se encaixa na economia global.
- **Crie uma equipe.** Desenvolva habilidades de construção de relacionamento para compartilhar suas ideias com outras pessoas na sua organização e ganhar seu apoio.
- **Comece onde você está.** Entenda a diferença entre o poder pessoal e o poder devido ao cargo e aproveite sua especialização.
- **Cerque-se de outras pessoas.** Conte com a ajuda de mentores, de uma rede de contatos e de um conselho de administração para orientar suas decisões ao longo do caminho.
- **Conheça seu público.** Saiba quais canais de comunicação funcionam melhor para as pessoas que você precisa convencer e pratique suas habilidades de apresentação, escrita e oratória.
- **Ensaie sua narrativa.** Você precisará ter informações factuais e ser capaz de criar e passar mensagens que construirão confiança e inspirarão a ação.

Muitos daqueles que entrevistamos falaram sobre como decidiram pelo que queriam ser conhecidos, defendendo seus valores, construindo reputações positivas, usando os estilos de liderança que adotaram e buscando ajuda para não perdê-los de vista. Essas decisões conscientes os ajudaram a continuar a aprender e crescer e a alcançar novos patamares.

Ann Jones é uma dessas líderes. Ela acha que sua educação formal a ajudou a aprender sobre os fundamentos da liderança — onde ela começa e o que exige. Estudar a liderança como um assunto isolado a ajudou a se abrir, a se entender melhor e a perceber suas necessidades, valores e visão para o futuro. De acordo com ela, "apenas me conhecendo eu posso liderar os outros".

Logo após se formar, ela foi promovida a níveis mais elevados de gerenciamento numa grande empresa varejista, e sua nova função trouxe desafios imediatamente. Seus colegas, alguns dos quais tinham desejado a mesma posição, de repente passaram a ser seus subordinados diretos. Ela falou com eles individualmente e disse que concordava que a nova situação era constrangedora. Ao criar um ambiente de abertura, compreensão e respeito, Ann reduziu o atrito em relação aos membros da sua equipe, que reagiram de maneira positiva.

Seu estilo baseia-se no respeito, no envolvimento e na oportunidade de crescimento. Ela acredita que novos desafios constantes, reconhecimento, comunicação e *feedback* são essenciais para obter os melhores resultados de sua equipe.

Mito 14: Executivos são de difícil acesso

Para ganhar apoio dentro da sua organização, você precisará falar com seus executivos. Eles podem ser um público importante para suas propostas e podem tornar-se seus mentores e defensores — ou recomendar outras pessoas para essas funções. Se você acreditar que os executivos são de difícil acesso, essa tarefa poderá ser assustadora.

Na nossa experiência e na das pessoas que entrevistamos, no entanto, essa crença provou ser outro mito. Dirigentes em organizações vitais e competitivas apreciam a iniciativa e muitos são bem acessíveis. Bons executivos querem ouvir novas ideias, além de orientar e compartilhar seus conhecimentos e sua experiência. Aqui estão alguns exemplos dos benefícios que podem ocorrer a partir disso:

Orrin Matthews queria pedir ao famoso CEO de sua empresa que fosse seu mentor, mas estava ansioso. Era um homem muito ocupado, com uma agenda de viagens tremendamente exigente, talvez não tivesse tempo para ele. Depois que um professor o estimulou e o orientou na escolha de uma abordagem, Orrin tomou coragem para perguntar. Ficou surpreso quando o CEO reagiu de maneira positiva, elogiando-o por sua coragem e agendando uma reunião para conhecê-lo melhor em apenas duas semanas. Orrin ficou espantado e não podia acreditar que ele trabalharia com o melhor mentor possível.

Bea Ellison desenvolveu uma forte crença de que a empresa poderia apresentar mais produtos novos mais rapidamente se abrisse seu processo de design. Ela desenvolveu um caso e passou a se reunir com executivos para discutir sua proposta e buscar suas percepções. Bea ficou surpresa com a receptividade dos executivos e satisfeita com suas ideias. É claro que eles ficaram encantados com a iniciativa de Bea, e em pouco tempo ela estava liderando um grande projeto, visível em toda a organização. "Cuidado com o que você deseja", diz Bea. "Eu aprendi que na maioria das vezes você consegue."

Mito 15: Mulheres não conseguem se desenvolver em profissões dominadas por homens

Nós entrevistamos muitas mulheres para este livro. Elas estão avançando de maneira significativa nos campos escolhidos e como líderes. Elas concordam que profissões técnicas são historicamente um terreno masculino, mas não consideram o passado para determinarem o seu futuro. Para elas, nunca foi um desafio estar numa profissão dominada por homens. Algumas delas gostavam desse fato.

As mulheres continuam sub-representadas na engenharia e na ciência, mas para elas não é difícil entrarem nesses campos. Estatísticas da Fundação Nacional de Ciência mostram que 40% dos graduados nas áreas de ciências e engenharia (S&E) em 2005 eram mulheres, mas essa proporção diminui na maioria das profissões de S&E. No entanto, mais mulheres do que homens entraram na força de trabalho S&E nas últimas décadas. Sua proporção nos postos aumentou de 12% em 1980 para 27%, em 2007. Em média, elas são mais jovens do que os homens, sugerindo que proporcionalmente mais homens do que mulheres podem se aposentar num futuro próximo, deslocando o equilíbrio.

De acordo com um estudo realizado em 2003 pelo Departamento de Educação, as mulheres ocupavam apenas 8,5% dos cargos de docentes e instrutores em tempo integral de instituições que concedem diplomas de engenharia em todo o país. Nas ciências físicas, 17,2% desses cargos eram preenchidos por mulheres. Na ciência da computação, os números eram melhores, mas ainda não eram ótimos — 30,6% para as mulheres em geral, 5,6% para as mulheres negras. Em outro estudo publicado pelo *MIT Technology Review* (2008), estima-se que 3 mil mulheres cientistas com doutorado deixam a força de trabalho científico todos os anos, um desgaste que custa mais de 1 bilhão de dólares em perda de produtividade.

Claramente, os fatores que contribuem para que as mulheres sintam-se menos atraídas para disciplinas científicas e técnicas e os obstáculos que enfrentam quando avançam nas suas carreiras precisam de maior atenção e ação. Felizmente, uma solução potencial já estará dentro do alcance.

Mais moças do que rapazes estão frequentando a faculdade hoje em dia. Em algumas áreas do país, a proporção é de 54% para 46%. Ainda assim, as taxas de participação das mulheres em disciplinas de ciência, tecnologia, engenharia e matemática (STEM) permanecem desproporcionalmente baixas. Se as faculdades puderem impulsionar a participação de mulheres e minorias em campos relacionados com as STEM, isso atingirá tanto as nossas necessidades de força de trabalho quanto os objetivos fundamentais de equidade e diversidade.

Descrita pela revista *Time* em 2005 como "talvez o último modelo para mulheres na ciência", Shirley Jackson foi a primeira em vários aspectos na sua carreira. Em 1973, ela completou um doutorado em física no Massachusetts Institute of Technology (MIT), tornando-se a primeira americana negra a receber o título de doutora pelo MIT. Jackson foi a primeira americana negra a ser membro do Comitê Regulador Nuclear (NRC) e depois presidi-lo. Ela também foi a primeira americana negra eleita para a Academia Nacional de Engenharia e a presidir uma grande Universidade de Pesquisa Nacional, o Rensselaer Polytechnic Institute (RPI).

Apesar de se orgulhar das suas realizações inovadoras, Jackson prefere se concentrar em seu histórico em políticas públicas e como defensora da ciência e da educação. Ela fala sobre a nossa necessidade de investir em pesquisa científica básica e de outros cientistas passarem a se envolver ativamente na política pública. Recentemente, numa reunião na Kennedy School of Government de Harvard, ela contou que o aumento exponencial do volume e da disponibilidade das informações influencia a percepção da ciência e as funções dos cientistas. De acordo com Jackson, os cientistas devem exercer uma liderança consistente para combater a confusão sobre ciência e a desconfiança em relação ao seu trabalho.

Jackson se preocupa com as aposentadorias iminentes nas áreas de ciência e tecnologia, engenharia e matemática, tanto nas faculdades quanto na indústria. Não existe uma quantidade suficiente de estudantes para substituir o número recorde de aposentadorias que ocorrerão nestes setores. Ela observa que a economia e a segurança nacionais dependem da nossa capacidade de inovação — e que o número de cientistas, engenheiros e matemáticos diminuirão ao longo da próxima década, a não ser que a tendência seja revertida.

De acordo com ela, para combater essa crise silenciosa, precisamos envolver todo mundo, inclusive mulheres e minorias, tradicionalmente sub-representadas em áreas científico-tecnológicas. Jackson diz que a crise é silenciosa porque são necessárias várias décadas para educar futuros cientistas e engenheiros, então o impacto ocorre gradualmente. Ela diz que "sem inovação nós falhamos como nação." Seu raciocínio é que os altos e baixos no financiamento da ciência têm um "impacto deletério sobre a criação de uma nova geração de cientistas e engenheiros" — portanto, nossa capacidade de inovação num contexto de capacidades cada vez maiores no exterior.

Em termos nacionais, aproximadamente 25% dos alunos de pós-graduação são mulheres. Elas acham que o componente de liderança de seus estudos é valioso na medida em que buscam alcançar seus objetivos acadêmicos e profissionais. Esses estudos as ajudam a desenvolver a mentalidade e as habilidades necessárias para serem elas mesmas. Esperamos que a quantidade de mulheres em áreas técnicas e funções de liderança aumente nos próximos anos.

Reflexões sobre o Capítulo 3

1. Com que frequência engenheiros e cientistas são promovidos a gerentes na sua organização?
2. Como os engenheiros e cientistas demonstram suas capacidades de liderança?
3. Quais medidas você está tomando para exercer sua influência como líder?
4. Que tipo de impacto você quer causar sobre sua equipe e sua organização?
5. Como os cientistas e engenheiros são considerados em sua organização?
6. Como os cientistas e engenheiros se envolvem em decisões de negócios ou estratégias futuras?
7. As mulheres são representadas de maneira adequada nos cargos de liderança da sua organização?
8. Quem são algumas das mulheres que obtiveram sucesso e como elas conseguiram isso?
9. Sua empresa tem alguma política de emprego flexível? Os empregados se beneficiam com isso? Quais são os benefícios e as desvantagens percebidos?

CAPÍTULO

4

Crenças sociais e familiares

Mito 16: Meus pais sempre me disseram...

Suas crenças impulsionam seu comportamento. Muitas delas vêm da infância e foram reforçadas por outras das principais influências na sua vida: escola, religião, amigos e meios de comunicação. Essas pessoas, eventos e circunstâncias o moldaram tanto positiva quanto negativamente. Você pode se lembrar de coisas que essas pessoas poderosas disseram para você ou sobre você que o acompanharam por toda sua vida, moldando sua mentalidade sobre si mesmo e sobre o mundo.

Entretanto, até o melhor conselho pode ter consequências negativas. Com sua mente jovem, você pode ter interpretado de maneira equivocada uma orientação recebida e ter formado crenças inúteis. Por exemplo, quando lhe falaram para ser modesto, você pode ter ouvido que você não deveria falar abertamente. O aviso para não fazer coisas perigosas pode ter se transformado no medo de assumir qualquer risco.

Você pode não ter sido estimulado a explorar, a ser criativo e aventureiro se os adultos em sua vida sentissem que seria muito arriscado. Essas crenças podem tê-lo sufocado e impedido de ser você mesmo, de fazer diferença e de fazer o que você realmente gosta.

Aqui está mais um resultado não intencional de influências precoces. Se seus pais ou avós tiverem passado por dificuldades econômicas, eles podem tê-lo empurrado em direção a uma educação formal particular e a um emprego fixo, independentemente dos seus interesses ou talentos. Ou eles podem tê-lo estimulado a desenvolver habilidades úteis com as quais você "poderia contar" se seus outros esforços falhassem. Você carrega as crenças profundas que aprendeu muito cedo na vida, mesmo que você não as conheça hoje.

Para analisar suas crenças, descubra onde elas começaram. Pense sobre coisas que você faz sem entender o motivo. Aqui está um exercício simples para pensar sobre o passado.

Numa grande folha de papel, desenhe uma "linha da vida" horizontal que represente o tempo desde o seu nascimento até o presente. Lembre os momentos de que mais gostou — quais foram e o que os caracterizou. Observe o que aconteceu então. Após, faça o mesmo para os momentos dos quais menos gostou. Marque os eventos mais positivos em pontos acima da linha, com os mais negativos abaixo.

Uma vez que sua linha da vida estiver preenchida com pontos altos e baixos, considere quais padrões você formou como resultado de suas experiências. Pense sobre o que você aprendeu durante e após cada grande evento. Isso deve lhe dar algumas percepções sobre suas crenças, assim como sobre seus comportamentos e ações. Identifique suas sete convicções mais profundas e considere como elas informam sua vida hoje.

A partir destas reflexões sobre o passado, você deverá conseguir olhar para o futuro com uma visão mais clara. Pense em como você pode ser mais intencional à medida que progredir. Decida quais crenças foram suficientemente úteis para que você as mantivesse e quais você pode abandonar. Uma das crenças que a maioria das pessoas compartilha é que nosso dinheiro mostra o nosso valor pessoal. Para aumentar sua riqueza financeira, você pode ganhar mais, gastar menos, ou as duas coisas. Essa ideia de sucesso leva muitas pessoas a ganhar mais, gastar mais e ter mais, o tempo todo. Isso mantém as pessoas em empregos dos quais elas não gostam, com medo de arriscar uma mudança, mas infelizes por continuar onde estão. No entanto, muitas vezes, as melhores coisas da vida não são coisas. Mesmo numa cultura como a nossa, impulsionada em grande parte pelo consumo, experiências podem ser mais valiosas para nós e para os outros do que o que possuímos. Ao analisar as crenças que nos influenciam, às vezes podemos nos libertar para criar um novo conjunto de crenças muito mais libertadoras, energizantes e alinhadas com as nossas definições pessoais de sucesso. Aqui estão dois exemplos:

Carlos Juarez buscou a educação continuada, esperando que, com um diploma de pós-graduação, fosse promovido a um posto mais alto na sua organização — onde ele seria mais responsável pelo seu destino e capaz de fornecer o melhor para sua família, como sonhava. Em cinco anos de estudo e reflexão, ele percebeu mais sobre si mesmo, sua vida e seu legado, e o que sua voz interior estava lhe dizendo. Concluiu que seu objetivo não era ser promovido na empresa onde estava, mas realizar o seu sonho — voltar para a Venezuela e dar aulas.

Não foi fácil para Carlos tomar essa decisão. Ele se reuniu com seus mentores, falou com professores e verificou programas de doutorado. Falou com a família e seus amigos, compartilhando crenças profundas sobre o que era realmente importante para ele. Pensou cuidadosamente sobre o legado que gostaria de deixar, que era fazer diferença na vida do povo no país de onde viera. Foi uma revolução para ele. Quando compartilhou isso conosco, Carlos estava sorrindo de orelha a orelha. Estava livre para ser seu verdadeiro eu.

Outra pessoa que fez escolhas definitivas sobre sua carreira como empreendedora foi Georgia Clifton. Após vários anos numa empresa de dispositivos médicos, ela decidiu iniciar sua própria empresa com um colega. Eles trabalhavam nisso noite e dia. Georgia ficou sobrecarregada definindo o negócio, obtendo o financiamento e assim por diante. Sua família estava sofrendo com sua ausência. Ela se sentiu dividida entre casa e trabalho. Após dois anos vivendo de forma tão dividida, decidiu que a coisa mais importante na sua vida era ter tempo para estar com a família.

Ela, também, tinha passado várias horas refletindo sobre o que era o "sucesso". Não queria se arrepender mais adiante. Escolheu sair, entendendo que poderia voltar um dia. Ainda queria ter o seu próprio negócio. Naquele momento de sua vida, no entanto, a coisa mais importante era ter tempo para sua família. Sentiu-se aliviada depois de tomar sua decisão. Ela sabia que isso era a coisa certa e que teria muito tempo e espaço no futuro para realizar seus sonhos empresariais.

Considere a narrativa sobre Jerry Johnson, no Capítulo 1. Hoje ele diz que sua "demissão" foi o melhor presente que recebeu. Isso o obrigou a encontrar uma vocação fiel aos seus valores. Hoje, Jerry mede seu sucesso pela diferença que faz diretamente na vida das outras pessoas. Agora sua família o acompanha em seu trabalho. Todos tomaram decisões claras sobre necessidades da família, orçamentos e poupança que os sustentarão enquanto buscam o que importa para eles.

Mito 17: Acreditamos na bagagem que carregamos das nossas experiências passadas

Recebemos muitos conselhos de outras pessoas que reforçam alguns mitos e criam novos. Muitas vezes bem-intencionados, porém desinformados, esses conselheiros podem ser os orientadores acadêmicos, professores, pais, amigos e da mídia. Pense em quantas vezes você ouviu conselhos como "as mulheres não deviam entrar em engenharia" ou "é incomum para os homens virarem enfermeiros". Orientadores da escola secundária aconselham estudantes a não frequentar uma escola técnica pós-secundária, sem saber que para muitos essa é uma rota preferencial e que há uma necessidade desesperada de mais funcionários com qualificação média. Professores fazem julgamentos sobre estudantes individuais em estágios iniciais dos seus estudos que costumam ser baseados na sabedoria convencional da sociedade em vez de no interesse do aluno.

Raramente se pergunta a alunos individuais quais são as suas paixões, muito menos se estimula que lutem por elas. Provavelmente adultos perguntaram o que você queria ser quando crescesse, mas provavelmente não lhe disseram muita coisa sobre as opções disponíveis ou sobre as escolhas que você precisaria fazer. Se você nunca tiver parado para refletir sobre o que realmente lhe agrada, o que capta a sua imaginação e o mantém envolvido durante horas, faça isso agora. Veja o que vem à mente quando você pensa sobre as alegrias de sua vida. Qualquer coisa que o inspirar pode levar a uma série de novas oportunidades. Isso já aconteceu com as outras pessoas.

Lembre-se de que tipo de conselho você recebeu e de quem, que influenciou suas escolhas. Também lembre das escolhas de que você se arrepende — e de quando você percebeu quais são suas verdadeiras paixões.

Sarah Stevens fala da sua experiência na escola secundária, quando seu orientador lhe disse que nunca poderia ser uma cientista. De acordo com ele, Sarah nunca conseguiria porque o rigor do estudo seria demais para ela. Ela ficou arrasada. Seu sonho era trabalhar num laboratório e ajudar a encontrar curas para doenças que paralisam tantas vidas e matam pessoas desnecessariamente. Em vez disso, escolheu ser professora, muito mais de acordo com o conselho do seu orientador. No final do terceiro ano, depois de obter nota máxima em todas as disciplinas de educação, ela decidiu que seria capaz de suportar o rigor da ciência e mudou o seu caminho. Matriculou-se na Universidade de Duke e perseguiu seu objetivo original. Ela realizou o seu sonho e é uma cientista de pesquisa no Instituto Nacional do Câncer. Sarah se alegra por encontrar sua própria verdade e por se libertar das bagagens dos conselhos bem-intencionados.

Mito 18: Líderes têm MBAs, não são técnicos

Isso pode ter sido verdade no passado, porque muitas pessoas que tomavam decisões organizacionais acreditavam que a formação com MBA se concentrava em resultados de gestão geral. No entanto, à medida que mais instituições de ensino oferecem cursos de liderança para seu pessoal técnico e mais organizações esperam que essas pessoas assumam funções de liderança, a relevância desta crença está desaparecendo rapidamente.

Conversamos com executivos de organizações que enviaram seus engenheiros e seu pessoal técnico para a formação contínua de pós-graduação. Perguntamos o que eles valorizariam mais quando cursos universitários fossem criados ou atualizados. Executivos em cinco grandes empresas disseram que queriam que seus profissionais técnicos estivessem mais bem equipados para a liderança geral. Eles esperavam que seu pessoal de P&D, engenheiros e técnicos se envolvessem com os clientes de maneira mais próxima e trouxessem uma gama mais ampla de habilidades para equipes de negócios multifuncionais. Eles disseram: "Por favor, acrescente cursos de liderança ao seu currículo e certifique-se de que o conteúdo de liderança seja integrado aos cursos técnicos." Nós reagimos com um novo conteúdo do curso e tanto os estudantes quanto as organizações estão satisfeitos com os resultados.

É apenas o começo. Em organizações e na literatura sobre a liderança, o MBA ainda é considerado uma passagem direta para a liderança. Por falar nisso, um líder que tiver tanto um MBA quanto um grau técnico será reconhecido mais pelo mestrado em administração, ou apenas por ele.

Uma educação voltada para os negócios ajuda o pessoal técnico a ganhar perspectivas mais amplas, aprender a olhar para sistemas e compreender a necessidade de outras habilidades especializadas. Isso ajuda a reconhecer as necessidades dos outros e a ver a importância de delegar responsabilidades. Nós já vimos casos em que um MBA é o único caminho para a ascensão profissional e em que a experiência em vendas proporcionou habilidades de gestão de carreiras. No entanto, sem uma base de conhecimentos técnicos, estas habilidades adicionadas proporcionam uma base limitada para o crescimento. Atualmente, mais instituições de ciências e engenharia percebem o valor de um currículo mais amplo, acrescentando cursos relacionados com negócios e incentivando estudantes da pós-graduação a fazerem cursos eletivos de faculdades de administração. Esperamos que isso represente uma tendência a uma integração mais frequente através de disciplinas, bem como maior latitude na concepção de títulos de pós-graduação, o que tornaria o ensino superior mais relevante e significativo para todos os envolvidos.

Numa apresentação sobre as necessidades do século XXI, o Dr. Joseph Bordogna, ex-vice diretor da Fundação Nacional de Ciência, fez uma citação a partir de um artigo de 1962 do Membro do Instituto de Engenheiros Elétricos e Eletrônicos (IEEE) Maurice

Ponte, intitulado "Um Dia na Vida de Um Estudante em 2012 DC". Conforme observou o Dr. Bordogna, Ponte previu que computadores algébricos em miniatura substituiriam as réguas de cálculo e que os alunos receberiam transmissão dos cursos de engenharia via satélite.

A seguir, o Dr. Bordogna mencionou uma publicação complementar de 1999 dos Membros do IEEE Edward Lee e David Messerschmitt, intitulada "Uma Educação Superior em 2049". A visão deles, assim como a de Ponte muitos anos antes, é impressionante: universidades cibernéticas e universos artificiais, presença tridimensional de alta definição em teleconferências; cursos em ontologia de rede; e linguística de software. Com as novas tecnologias que temos visto desde 1962, estes parecem inteiramente possíveis.

O futuro vai continuar a trazer mudanças rápidas, pela mesma razão que observamos tanta mudança no século passado: imaginação. Essa característica leva tanto engenheiros, quanto cientistas e artistas a verem o que mais pode ser descoberto ou criado. A imaginação, que Albert Einstein afirmou ser mais importante do que o conhecimento, está no cerne de todas as inovações.

Os líderes de tecnologia do futuro precisam de mais do que habilidades técnicas e científicas de primeira linha. Eles precisam de habilidades de pensamento crítico para tomar as decisões certas sobre o uso de recursos — tempo, materiais, dinheiro e esforço humano — para perseguir um objetivo. O Dr. Bordogna descreveu pessoas com imaginação de uma forma nova e interessante: "Eles nunca ficam confinados pelo que sabem, nunca restritos pelas regras existentes e nunca têm medo de propor o que ninguém tinha visto ou imaginado. Eles balançam sem nenhuma rede, mas nunca perdem o chão de vista".

A maneira mais eficaz de inspirar imaginações e mantê-las ativas é pela educação — a base de todos os recursos, tanto humanos quanto institucionais. Nosso entendimento do processo de aprendizagem é a chave para desbloquear um potencial individual, capacitando uma força de trabalho global e a manutenção da nossa democracia. Num mundo cada vez mais definido pela ciência e tecnologia, profissionais técnicos devem se tornar líderes em seus próprios campos e se apresentar para liderar os outros.

Mito 19: Engenheiros e cientistas são tímidos e reservados

Tanto engenheiros quanto cientistas são frequentemente descritos como introvertidos e tímidos. Mesmo que pareça verdade, isso não impede o desenvolvimento da liderança. Quando o lado analítico do cérebro já tiver sido bem desenvolvido e reforçado, o lado criativo ainda terá potencial. Pessoas que aprenderam a pensar logicamente também podem usar sua curiosidade natural para imaginarem o que ainda não existe, mas que pode ser possível. Esta reserva de capacidade intelectual e energia criativa pode ser um recurso valioso para qualquer organização e já pode estar nas mentes dos engenheiros e cientistas, esperando que se solicitem ideias.

Ferramentas especializadas, assim como o conhecimento especializado, têm valor para quem os possui. De fora de uma área de especialização técnica, os instrumentos da ciência e da engenharia podem parecer com engenhocas ou até mesmo brinquedos.

Entretanto para profissionais técnicos são os meios de interagir com o mundo físico de maneira que possam medir e discutir. Dispositivos com comportamento previsível os ajudam a testar suas hipóteses e tirar conclusões mais confiáveis.

O objetivo final de qualquer ferramenta é ajudar as pessoas a fazer coisas novas, diferentes e melhores que, caso contrário, não conseguiam fazer. Descobertas feitas por cientistas formam a base para as tecnologias desenvolvidas pelos engenheiros, que criam novas possibilidades e ampliam a experiência humana. Assim como o poder do nosso novo conhecimento nos traz grandes oportunidades, ele também traz enormes responsabilidades. A sociedade precisa do talento do líder de tecnologia.

Mito 20: As pessoas querem manter sua expertise em sigilo

O serviço de conhecimento técnico Teltech foi lançado na década de 1980 e contou com a expertise de cientistas, engenheiros e tecnólogos. Eles vieram de universidades, empresas privadas e organizações de consultoria de todo o país. Quando potenciais clientes ficaram sabendo que teriam acesso a esses especialistas, manifestaram dúvida. "Por que eles compartilhariam seus conhecimentos conosco?" perguntaram esses primeiros clientes. "Estariam revelando seus segredos". Essas pessoas ainda não entenderam que profissionais técnicos adoram compartilhar seus conhecimentos.

As pessoas geralmente gostam de falar de suas paixões, como pescar a cozinhar. O mesmo se aplica a interesses como ciência térmica e engenharia ambiental. Aqueles que são especialistas em qualquer campo raramente têm segredos ou tratam seu conhecimento como algo a ser guardado. Na maioria das vezes, profissionais técnicos têm prazer em oferecerem sua sabedoria, sua experiência e suas opiniões. Se você trabalha em ciência, engenharia, matemática ou tecnologia, provavelmente você mesmo já viu ou fez isso muitas vezes. Às vezes, o conhecimento científico faz toda a diferença no mundo, como pode ser visto no exemplo a seguir.

> John Abraham, professor de engenharia mecânica na Universidade de St. Thomas, desafiou afirmações de Christopher Monckton, jornalista e político que contradiz a maioria dos cientistas sobre a natureza da mudança climática global. John conseguiu argumentar com provas de especialistas de todo o mundo. Tornou-se o líder na defesa desta iniciativa, atuando como um catalisador para os muitos especialistas ambientais cuja obra citou. Esses e outros especialistas reuniram-se para documentar um caso abrangente que sustenta sua obra coletiva. A liderança e a coragem de John os ajudaram a trabalhar juntos. Esse grupo de cientistas e engenheiros agora proporciona uma "equipe de resposta rápida" sobre questões climáticas para os meios de notícia, tomando a iniciativa de esclarecer equívocos rapidamente.

Líderes emergentes sabem que, para obter sucesso, precisam compartilhar conhecimentos e colaborar de forma interdisciplinar para construírem organizações sólidas que possam sobreviver num mercado exigente. Com a ajuda de líderes esclarecidos, as organizações podem quebrar barreiras entre funções e níveis para construírem ambientes em que as pessoas percebam sua interdependência. Profissionais técnicos estão dispostos a compartilhar para fazerem sua parte. E a cada dia uma quantidade maior deles está pronta para liderar.

Reflexões sobre o Capítulo 4

1. Quais mitos ou crenças equivocadas você está pronto para abandonar?
2. Quais novas crenças serão suas âncoras à medida que você se prepara para seu futuro?
3. À medida que você pensa nos seus talentos, paixões e valores, o que se destaca?
4. Você consegue alinhar essas características pessoais com sua ideia de sucesso?
5. O seu trabalho envolve sua imaginação agora? Se não, como você pode envolvê-la?
6. Quais lições o ensinaram algo novo e valioso?
7. Até onde você quer se estender com novos começos?
8. Crie uma linha da vida, conforme se discutiu no início deste capítulo e identifique seus pontos altos e baixos. Quais padrões e hábitos você formou durante e após estas experiências?
9. O que você quer mudar no seu trabalho, na sua vida e no mundo?

Resumo — Desfazendo os Mitos

Mitos são como fofoca. Apesar de geralmente infundados, podem ser perigosos, prejudiciais e persistentes. Atrapalham o pensamento claro. Ao analisar suas crenças, você pode determinar quais permanecem reais para você e quais são realmente mitos.

Pesquisa aberta e informações saudáveis o levarão ao conhecimento durável e a julgamentos sólidos, sendo que você precisará de tudo isso para enfrentar os desafios à frente. Não se pode provar tudo e você nem sempre conseguirá obter todos os detalhes para argumentar de forma perfeita, mas não deixe o perfeito se tornar o inimigo do bom.

Agora que você já despertou para a base de suas crenças, é hora de começar o desafio real — encontrar sua verdadeira personalidade. O próximo capítulo vai mostrar como isso se torna possível.

PARTE
— 2 —

Em busca do líder interior

Esta seção o convida a olhar atentamente para si mesmo como ponto de partida para sua jornada de liderança. Ela investiga as seguintes perguntas:

- O que você realmente sabe sobre quem você é?
- Qual é a verdade sobre suas crenças, seus pontos fortes, suas possibilidades e seu potencial de liderança?
- Como você descobriu isso sobre si mesmo?
- Quem foram os professores, mentores e pessoas que o apoiaram e ajudaram a saber que você é competente, capaz e que está pronto para liderar?
- Como você poderia reconsiderar seus sonhos e as possibilidades para o futuro?
- Como você continua a aumentar sua autoconsciência, como parte de seu processo contínuo de crescimento e desenvolvimento — a jornada do líder?
- De quem e como você procura apoio para ajudá-lo a permanecer no seu caminho de aprendizagem e liderança?

Esta seção exige que você se submeta a muita reflexão e tome sérias atitudes para dar os primeiros passos do seu próprio roteiro.

CAPÍTULO 5

A verdade sobre você

As perguntas de reflexão da Parte 1 devem ter feito você pensar seriamente sobre suas crenças — um excelente ponto de partida para encontrar sua verdadeira personalidade. Suas crenças formam a perspectiva a partir da qual você vê possibilidades. Identifique quais crenças permanecem verdadeiras, quais você precisa, talvez, abandonar, e quais novas crenças quer adotar porque descobriu que têm um significado profundo.

O comportamento, que é visível, costuma revelar nossas crenças, que não são visíveis. Faça uma lista de seus hábitos pessoais e peça a amigos e familiares para anotarem os hábitos que observam em você. A partir dessas listas, você poderá identificar quais crenças estão orientando suas ações. Algumas farão sentido, enquanto outras poderão ser mais difíceis de entender. Pense em cinco influências na sua vida — família, amigos, religião, a mídia e a escola — e veja se pode rastrear a crença inerente e suas fontes. Você poderá achar algumas ideias surpreendentes.

Até meus trinta e tantos anos eu era pessimista, porém as coisas tinham ido muito bem para mim, e o pessimismo não se encaixava. Comecei a perguntar de onde vinha isso e rastreei até minha avó. Ao perceber a fonte dessa crença e sua inadequação, decidi me livrar dela. Levou um ano ou dois, mas agora estou totalmente curado. Na verdade, agora sou um otimista incurável, e as coisas continuam indo bem. Funciona para mim.

— Autor RJB

É útil identificar um conjunto de crenças que você sabe claramente que são *sua* verdade — o que impulsiona seus pensamentos, seus desejos e suas ações diárias. Esta passa a ser sua narrativa. Você tem a oportunidade de criar sua própria narrativa. Então, se descobrir crenças de que não gosta ou não deseja manter, você poderá escolher outras que efetivamente representem o que você quer acreditar e como você quer viver.

A maioria das nossas entrevistas revelou convicções profundas. Keith Kutler acreditava no trabalho duro, na compaixão e no cuidado como seu núcleo de liderança. Ele reconheceu que essas crenças vinham de seus pais e de como foi ensinado. Isso funcionava e continua a funcionar para ele. A narrativa de Orrin Matthew reflete uma crença central de que, quando as pessoas são tratadas com justiça, elas farão seu melhor para servir. Você poderá contar com elas. Ele viu que essa crença veio de sua própria experiência, pensa nela como sua verdade e a pratica como um líder. Ashley Smith acredita que ser um bom líder significa simplesmente ser uma boa pessoa — alguém em cujas boas intenções as pessoas confiam. Uma das suas crenças fundamentais é viver na integridade. As pessoas ao seu redor sabem que podem contar com seu apoio e sua ajuda; ela sempre cumprirá suas promessas.

Se você ouvir atentamente as histórias dos outros, você começará a ouvir suas crenças fundamentais. Pratique prestando mais atenção no que está por trás das suas declarações. Veja se essas crenças são coerentes com suas práticas e seus comportamentos e observe suas próprias narrativas e seus próprios comportamentos. Eles estão de acordo com as suas crenças?

Outra maneira de começar a descobrir a sua verdade é escrever sua própria narrativa. O exercício da linha da vida discutido no Capítulo 3 pode ajudá-lo a começar. Se você escrevesse sua autobiografia, quais seriam os títulos dos capítulos? Esse exercício começa a mostrar como você se tornou quem é — suas crenças, as experiências que o ensinaram e os aprendizados transformacionais que moldaram sua direção.

O exercício de escrever minha própria biografia como estudante da pós-graduação foi uma experiência profunda que me ajudou a compreender a impressão da minha família, as crenças que meus pais me passaram e as experiências de vida que moldaram minhas crenças e minhas escolhas. A partir dessa experiência inicial, continuei a escrever o segundo e o terceiro capítulos da minha narrativa. Percebi que tenho a oportunidade de moldar minha própria narrativa. Não precisa ser totalmente a impressão do impacto dos outros sobre mim. Tenho a oportunidade de escolher quem está nos meus círculos de influência e como eles apoiam o desenvolvimento da minha narrativa. A experiência serviu para manter minha concentração nas escolhas intencionais que eu realmente queira fazer como líder e colaborador no mundo em geral.

— Autor ERM

Outra forma de se entender melhor é a autoavaliação, usando ferramentas para identificar seus pontos fortes, talentos e dons. Comece listando os pontos fortes que você sabe que tem e que outros já reconheceram. Considere usar o *Clifton Strengths-Finder*, www.strengthsfinder.com/home.aspx, baseado num trabalho publicado em Buckingham and Clifton (2001), *Now Discover Your Strengths*. Essa simples ferramenta *online* pode esboçar seus principais talentos a partir de uma lista de 34 talentos identificados pelos autores originais da pesquisa. Você também pode aprender sobre pontos fortes de assinatura ou de caráter no livro *Authentic Happiness*, do Dr. Martin Seligman (2003) ou em www.authentichappiness.sas.upenn.edu.

Estas ferramentas podem ajudá-lo a identificar, nomear e reivindicar seus talentos e seus pontos fortes. O próximo passo é determinar como você pode usar esses pontos fortes na sua vida e no seu trabalho. Será que eles são mostrados e reivindicados nas suas ações, nos seus comportamentos e nas suas crenças? Como garantir que você esteja colocando esses pontos fortes a serviço da sua organização — e de você mesmo?

Muitas vezes, as pessoas se estendem sobre suas deficiências e fraquezas. Concentrar-se nos pontos fracos raramente funciona, porque estudar o fracasso nos ensina as características dos erros — não do sucesso. Para aprender sobre o sucesso, temos que estudar casos de sucesso. Isso não quer dizer desprezar os pontos fracos, mas aproveitar os pontos fortes de maneira que reduzam os pontos fracos ou os tornem irrelevantes.

Líderes emergentes que trabalharam conosco identificaram seus pontos fortes, depois usaram uma ferramenta de avaliação 360°. O processo foi esclarecedor e revelador. Muitos descobriram que foram mais bem avaliados por outras pessoas do que por si mesmos. Eles se perguntaram por quê. Será que não conseguiam ver seus pontos fortes? Será que eram humildes demais para mostrar e reivindicar seus pontos fortes? Será que lhes faltava confiança nos seus pontos fortes? O que estava em jogo?

Paula Hetherington estava ansiosa para saber o que os seus colegas, superiores e subordinados tinham a dizer nas suas avaliações 360°. Quando os recebeu, ficou chocada. Todos eles tinham atribuído a ela uma pontuação muito maior do que ela própria. Ela teve que recuar e pensar por que as lacunas eram tão aparentes e consistentes. Será que podia confiar nesses dados? Será que todos estavam apenas tentando fazê-la se sentir bem consigo mesma? Numa consulta, Paula se perguntou por que atribuiu a si mesma uma pontuação tão baixa. Será que realmente se via assim? Pensou sobre como poderia se ver de maneira diferente e como reagir aos seus avaliadores.

Demorou um pouco para Paula aceitar como verdadeiros os comentários que os outros fizeram sobre ela. Seus comentários abertos nomearam especificamente os pontos fortes e talentos que eles viam nela. Ela precisava aceitar aquilo como sua nova verdade.

George Paulson também se classificou por baixo e recebeu os comentários com ansiedade. Ao analisar os resultados, espantou-se que seus avaliadores tivessem sido tão generosos na avaliação de suas capacidades e do seu desempenho. Para aceitar o *feedback* elogioso, ele teve que reformular a sua perspectiva sobre si mesmo e seu desempenho.. Reconheceu que trabalhava duro para mostrar os pontos fortes mencionados na sua avaliação, mas que muitas vezes sentia que não conseguia. Enquanto seus avaliadores achavam que seus esforços tiveram um impacto significativo, sua perspectiva dizia "não foi suficiente." O desafio para George era reconsiderar o que era suficiente. Quais eram os padrões aos quais ele estava preso e de onde eles vieram? Será que podia permitir-se ver plenamente suas capacidades?

Essa tendência a nos subestimarmos costuma ser parte da identidade das "grandes realizações". Bom, melhor, o melhor de todos. Sempre se pode melhorar. Essa crença pode ser admirável — ou incapacitante. Alguma vez você já se sentiu abaixo das expectativas ao avaliar suas próprias habilidades ou capacidades? Onde essas percepções se originam? Como você pode mudá-las?

Deixe sua vida falar

A autorreflexão nos ajuda a conhecermos a nós mesmos para determinar quem somos e quem queremos ser. Também é importante termos objetivos conscientes — saber *por que* queremos ser diferentes. Conforme Parker Palmer observa em *Let Your Life Speak* (2002), ao longo de sua carreira ele admirou muitas pessoas. Quando tentou ser como uma delas, no entanto, ficou insatisfeito. Depois de uma cuidadosa reflexão, ele percebeu que estava tentando ser outra pessoa, não ele próprio. Foi necessária uma profunda busca dentro de si mesmo para determinar quem realmente era, quais eram suas crenças e quem queria ser. Queria ser ele mesmo, real e autêntico. Antes de olhar para dentro de si mesmo, ele não sabia quem era essa pessoa.

Descobrimos a mesma coisa com vários líderes emergentes. Eles confessaram que nunca tinham pensado sobre si mesmos. Perceberam que a maioria de suas escolhas tinha sido ditada pela orientação de muitas outras pessoas ao seu redor. Não tinham tido tempo para olhar com cuidado para quem eles realmente eram. Não tinha avaliado seus valores, suas paixões, suas crenças ou seus pontos fortes de forma sistemática. Em vez disso, seguiram um caminho que parecia confortável, alinhados aos seus interesses e que tinha agradado seus sócios mais próximos e sua família. Tinham aceitado as sugestões de outros ou tinham tentado imitar os outros. Era raro ouvir que alguém realmente tivesse dedicado tempo a fazer escolhas de forma intencional e deliberada.

Sua vida fala com você. Ela diz o que você quer se tornar. Algumas pessoas referem-se a isso como um chamado ou uma vocação. Quando você se conhecer, terá a motivação necessária para realizar a dura tarefa de buscar seus sonhos. Como um colega costuma dizer, "nunca trabalhei um dia em minha vida, porque estou realizando minha paixão". Isso faz toda a diferença na alegria que derivamos do nosso trabalho e da nossa vida.

A jornada para o autoconhecimento é um processo de conscientização, de reflexão sobre escolhas feitas e de questionamentos que dura a vida inteira. Às vezes leva muito tempo para aceitarmos as respostas. Refletir e agir com intenção consciente. Criar oportunidades para em algum momento parar e procurar orientação do seu sábio interior. É assim que você cresce e se desenvolve — e revela novas respostas.

Para ajudar os líderes emergentes a encontrarem seus sábios internos, usamos um exercício baseado na obra de Carl Jung. Mais conhecido por escrever sobre a criança interior, Jung também estudou a voz interior da sabedoria. Dentro de cada pessoa existe uma fonte de sabedoria que sabe a verdade, que aprendeu as lições mais importantes da vida e que pode ser invocada.

Os alunos foram convidados a se projetarem para uma idade em que seriam sábios, tendo aprendido as lições mais importantes da vida. Eles poderiam dar um conselho especializado a uma pessoa jovem enfrentando questionamentos sobre a vida.

Uma vez escolhida a idade, eles deveriam se colocar dentro dessa personagem sábia e escrever uma carta para a jovem pessoa presente neste momento, orientando sobre as coisas importantes a lembrar sobre a vida — os valores importantes que guiariam suas decisões, alguns dos segredos para viver a vida plenamente e o que realmente importa no final das contas.

O resultado deste exercício sempre é provocativo e profundo. Os alunos ficam espantados ao ouvirem os conselhos do seu próprio sábio. Eles são convidados a ler suas cartas em voz alta. Quando um ou dois são convencidos a fazê-lo, outros acabam lendo também. A orientação recebida costuma ser uma das melhores que poderiam imaginar. Quando acabam de desenvolver seus planos de liderança e aprendizagem, os alunos muitas vezes dizem que esse exercício simples abre um material rico que fornece uma estrutura sólida para imaginarem seu futuro — como se oráculos divinos tivessem falado com eles.

> Épocas de crescimento são cercadas de dificuldades, mas estas dificuldades surgem a partir da profusão de tudo o que está se esforçando para tomar forma. Tudo está em movimento: portanto, se a pessoa perseverar, existe uma perspectiva de grande sucesso.
>
> — I Ching

Para encontrar a sua verdade interior, você deve falar sobre o processo de desenvolvimento e mudança, tanto pessoalmente quanto coletivamente. Pesquisas mostram claramente que a consciência humana se desenvolve em uma série de etapas e que essas etapas ocorrem sempre na mesma ordem. O desenvolvimento segue uma sequência invariável em todas as culturas, tão universal e inevitável quanto a natureza.

Transformação é a passagem de uma etapa do desenvolvimento progressivo para a próxima. Em cada etapa, um novo princípio de "design" é usado para relacionar a própria pessoa com o mundo. A realidade não muda. O que muda é a forma como organizamos nossas relações com o mundo. O que era inimaginável numa fase prévia, de repente passa a ser possível. As pessoas experimentam novas explosões de criatividade, eficácia, liberdade, poder e alegria. O mundo exterior experimenta uma pessoa que se posiciona mais plenamente como líder — alguém capaz de contribuições e serviço maiores.

Apenas quando a maioria da população se desenvolver para uma nova etapa, o sistema como um todo pode dar um salto evolutivo. O desenvolvimento humano comanda a evolução. Pesquisadores psicológicos como Piaget, Kohlberg, Gilligan, Loevinger, Maslow, Kegan, Hall, Fowler e Wilbur já descreveram diversas etapas pelas quais passamos, desde a infância até as etapas mais altas de moralidade adulta, concepção própria e consciência espiritual. Estes e muitos outros teóricos, através de pesquisa independente, chegaram a descrições muito semelhantes das etapas.

A transformação para o crescimento

No seu livro *Mastery* (1992), George Leonard descreve o processo de transformação como um crescimento em direção ao domínio. Ele sugere que a transformação segue uma curva de aprendizagem.

Aprender qualquer coisa que exija prática contínua segue um ciclo previsível: uma súbita explosão ou revolução para um novo nível de desempenho é seguido por uma pequena contração — a incapacidade de manter plenamente o que foi aprendido. Então ocorre um longo período de em que aparentemente não existe crescimento. Leonard chama isso de "passeando na falta de progresso". Na verdade, muita coisa está sendo aprendida, mas isso não é tão perceptível quanto no período de descoberta. A falta de progresso ocorre no período em que a aprendizagem está sendo incorporada à estrutura do corpo, da mente e do espírito. Este tempo de integração é uma preparação fundamental para o próximo salto.

Nosso processo de desenvolvimento de liderança foi deliberadamente concebido para permitir, entre os módulos, uma reflexão para que os líderes emergentes reconheçam seu crescimento. Eles também fizeram aplicações intencionais dentro de seus locais de trabalho para se testar, experimentar novos comportamentos, assumir projetos de aprendizagem de ação, observar a si mesmos como novos líderes, buscarem *feedback* das pessoas em torno deles e passar tempo com seus mentores. Eles alternaram entre reflexão e ação. Depois de completarem o processo de aprendizagem pleno, esses líderes claramente tinham passado para novas etapas do seu desenvolvimento individual.

No início do processo de desenvolvimento de liderança, chamado de Etapa 1, descobrimos que eles raramente tinham pensado sobre si mesmos ou tinham desenvolvido consciência própria. Esperavam que sua aprendizagem resultasse em promoções, nas suas próprias empresas ou em outro lugar. Tinham pouca ou nenhuma consciência do seu potencial de liderança, da sua inteligência emocional, dos seus estilos de aprendizagem ou das suas competências como líderes. Muitos tinham visões de mundo muito limitadas. Eram motivados por ganhar mais dinheiro e adquirir novos conhecimentos para continuarem suas carreiras. Sabiam que eram bons em manipular as coisas, projetos ou atividade externa. Viam pouco valor na reflexão e se concentravam principalmente na ação. Tinham pouca exposição a humanidades ou assuntos de artes liberais, e muitos eram bastante ingênuos em relação à sua agenda ou ao seu processo de aprendizagem.

Na Etapa 2, depois de fazer sua primeira autoavaliação e propor visões para suas jornadas de liderança, eles desenvolveram a consciência da sua inteligência emocional no contexto de outras inteligências. Descobriram bastante sobre si mesmos, suas capacidades, seus estilos, suas motivações, suas paixões, seu potencial e caminhos a partir do estágio em que estavam. Planejaram sequências de ações e desenvolveram visões do que queriam criar em suas vidas, integrando seus valores, crenças e emoções. Viram-se como novatos na construção de suas visões de mundo. Entenderam que a liderança é aprendida e que podem começar a agir como líderes onde quer que estejam. Aprenderam a usar a autorreflexão de maneira intencional. Desenvolveram grupos de apoio para ajudá-los em sua jornada e estavam prontos para receber sua orientação. Após mais dois anos no processo de liderança, o foco do grupo passou para a Etapa 3, caracterizada pelo melhor entendimento do seu impacto sobre suas equipas e suas organizações. Nesse momento, eles já tinham desenvolvido um senso claro dos seus planos. Sabiam como refletir sobre o seu progresso de aprendizagem, seu crescimento como líderes, suas idiossincrasias, como sair das suas zonas de conforto e como persuadir e se comunicar de maneira eficaz. Tinham começado a testar suas capacidades no local de trabalho e a viver com consciência e autenticidade. Valorizaram suas habilidades para trabalhar em configurações de equipe, liderando e influenciando de dentro para fora, de cima para baixo e de baixo para cima. Tinham ficado ansiosos para aprender em vez de apenas concluir as aulas. Viram valor no processo de aprendizagem. Descobriram novas possibilidades para agirem como líderes — correndo riscos e se manifestando.

Na Etapa 4, após o módulo final sobre perspectiva global e ação, eles demonstraram uma visão de mundo ampliada — vendo a si mesmos como pessoas que fazem diferença – alinhada com sua nova visão de liderança e impacto. Procuraram maneiras de continuar a expandir essa visão e reconheceram o seu crescimento significativo. Aprenderam como mudar a si mesmos e influenciar suas equipes, organizações e comunidades. Passaram a ter uma visão mais ampla de uma liderança eficaz, sabendo como continuar a testar as suas capacidades para se destacarem. Reformularam seus planos para os próximos 5 a 10 anos, muitas vezes usando mais ações de liderança em suas comunidades, escolas e círculos sociais, bem como suas organizações comerciais. Estavam envolvidos de maneira mais ativa em ajudar os outros a se desenvolver. Estavam mais capazes de ver a interseção do trabalho interior (reflexão) com o trabalho exterior (ações no mundo), como uma chave para o crescimento. Passaram a ter novas ideias sobre como é um líder magistral através de leituras, experiências e observações. Aceitaram o desafio de pensar provocativamente o mundo, as questões e os desafios que o mundo enfrenta e seu papel em fazer a diferença.

As narrativas de entrevistas neste livro mostram onde eles estão agora, anos depois, o que aprenderam, o que é importante para eles hoje e como influenciam os outros na sua esfera de ações. Eles estão vivendo e agindo com uma nova integridade e consciência de sua aprendizagem e de seus principais objetivos para os próximos anos.

Reflexões sobre o Capítulo 5

1. Como suas crenças profundas o informam enquanto você tenta agir de maneira mais intencional? Como você reage quando descobre crenças obsoletas relacionadas com algumas das suas ações?

2. Quando você pensa sobre as revoluções que transformaram sua vida, o que se destaca para você? O que se expandiu? Como você sabe?

3. Você já teve a oportunidade de se afastar por um tempo do mundo do trabalho para refletir? O que aconteceu para você quando deliberadamente tirou este tempo?

4. O que você sabe sobre sua verdade neste ponto importante da sua vida? Qual é o limite emergente do seu crescimento e do seu desenvolvimento?

CAPÍTULO

6

Avalie seu potencial de liderança

Embora algumas pessoas se encontrem em posição de liderança muito cedo na vida, isso não ocorre com a maioria. No entanto, muitos têm um potencial inexplorado ou não reconhecido. Muitas vezes, olhando para trás percebemos que a capacidade de liderança vinha de muito tempo — possivelmente da escola primária, em círculos familiares, no parque de diversões ou nos esportes. Pense sobre onde seu líder interno se manifestou no passado e quem pode tê-lo reconhecido na época e o estimulado a avançar.

Em nossa pesquisa, descobrimos que a liderança costuma ser mais visível de fora para dentro — os outros podem reconhecer os líderes antes que eles próprios se vejam assim. Pessoas de fora reconhecem algo que precisa ser estimulado e motivado. Isso é às vezes confirmado em avaliações 360° com colegas, supervisores e subordinados diretos.

Você consegue perceber vestígios de liderança precoce quando reflete sobre seu passado? Se não, por que você acha que nunca os reconheceu? Você já recebeu novas funções, novas responsabilidades ou uma promoção? Disseram por que você foi escolhido para liderar? Se você for como a maioria dos nossos ex-alunos, você teve que descobrir sozinho. Talvez ninguém nunca tenha dito claramente o que viu em você. Aprenda a procurar os sinais que os outros notaram no seu potencial de liderança. Depois descubra o que em você inspira a confiança deles. Para muitos dos profissionais técnicos que estudamos, é a integridade pessoal, a perseverança, o conhecimento de como construir relacionamentos saudáveis ou um histórico de realizações. As narrativas de autodescoberta são tão variadas quanto as pessoas que as viveram. Continue lendo e veja se você se reconhece em qualquer uma destas:

Dan Jansen lembra que reconheceu sua capacidade de liderança quando reuniu um grupo de colegas e propôs mudar sua forma de lidar com o próximo grande projeto de desenvolvimento de aeronaves. Como sentiu que essa era a coisa certa a fazer, não pediu autorização. Dan enxerga isso como resultado do seu próprio ímpeto por ter saído de um projeto anterior que não funcionou bem.

Raymond Adams reconheceu pela primeira vez a sua capacidade de liderança quando fazia pós-graduação. Atuando como engenheiro, ele não tinha as ferramentas ou confiança para assumir cargos de liderança. À medida que aprendeu sobre liderança e desenvolveu confiança, ele começou a entender que tinha uma boa visão de sistemas e habilidades de pensamento crítico e entendeu como agregava valor à organização.

Corrine Anderson sempre gostou de estar "no comando" quando jovem, mas se esquivava de papéis de liderança como jovem profissional. Quando se tornou gerente, ela descobriu que estava em contato com outras pessoas influentes e que estava num local onde podia ser ouvida. Sempre teve coragem, mas simplesmente não sentia que as pessoas a escutariam. Quando começou a falar a verdade, com confiança, outras pessoas ficaram impressionadas com suas ideias e sua capacidade de buscar apaixonadamente a sua visão.

Ashley Smith aprendeu, na busca pela liderança, sobre seus pontos fortes e sobre as áreas em que queria melhorar. Um desses pontos fortes era sua capacidade de ser ousada e confiante ao assumir riscos. Ela percebeu que, quando ficava apreensiva, tentava analisar suas ações e entender melhor o motivo da apreensão. Ashley não estava tentando tornar-se uma pessoa que assume riscos, mas queria entender as razões por trás de suas ações, para que pudesse ser mais ousada no futuro. Ela também aprendeu que suas aspirações tinham mudado. Originalmente, queria ser uma executiva dentro de uma empresa de criação, mas pela sua experiência de vida e de trabalho seus objetivos deixaram de estar voltados para um cargo. Agora ela quer atingir um "cargo significativo", no qual sinta que está "fazendo diferença e ajudando os outros". Essas são suas metas como líder. Ela gosta de ser ativa na sua comunidade e de atuar como voluntária em vários projetos e espera buscar mais esses caminhos no futuro.

Harry Jaspar era um daqueles tipos introvertidos e tímidos quando começou sua busca pela liderança. Apesar de ter aprendido sobre vários pontos fortes importantes pelo *feedback* 360°, ele se preocupava muito com seus pontos fracos quando se apresentava diante de uma plateia. Estava determinado a aprender a falar com mais confiança. Com o estímulo de um *coach*, ele aderiu a Toastmasters no local de trabalho. Seus colegas dentro da empresa lhe deram dicas úteis para superar a ansiedade. Treinava falar em público na frente do espelho, desafiou a si próprio participando mais frequentemente em sala de aula e em pouco tempo percebeu que não tinha medo de se manifestar. Quando fez sua apresentação final para o programa de pós-graduação, foi ovacionado de pé. Seus colegas o elogiaram muito por ter a coragem de lutar por essa importante mudança pessoal.

Quando você avaliar seu potencial, lembre da época em que percebeu sua competência pela primeira vez. Foi um momento específico no tempo, ou você viu isso como uma compreensão gradual? A maioria de nós vê isso como uma série de experiências pelas quais reforçamos capacidades, conhecimentos ou habilidades específicas. Provavelmente nunca pensamos sobre o termo *competência*.

Alcançando competência consciente

Para mostrar áreas de crescimento da competência inconsciente para a competência consciente, nós as colocamos em círculos que se sobrepõem. (Veja a Figura 6.1). O círculo pequeno representa "O Que Eu Sei", o próximo círculo maior representa "O Que Eu Sei Que Não Sei" e o círculo maior representa "O Que Eu Não Sei Que Eu Não Sei". No início do processo de aprendizagem, nós acreditamos inconscientemente que "Sabemos Tanto". A viagem rumo à competência consciente nos ajuda a perceber o quanto ainda existe para aprender.

> "À medida que fico mais velha e mais sábia, eu percebo que não fico mais sábia à medida que fico mais velha".
>
> — Sra. Jalkio, mãe do Professor Jeff Jalkio, da Universidade de St. Thomas

A Figura 6.1 nos ajuda a fazer três coisas: lembrar que aprendizagem significa crescimento, a permanecer consciente dos nossos níveis de competência e a construir a consciência dos nossos pontos cegos — onde não sabemos o que não sabemos. É claro que não podemos saber ou ser competentes em tudo e não precisamos ser, mas nós realmente precisamos saber onde somos competentes e só poderemos melhorar se soubermos a razão disso.

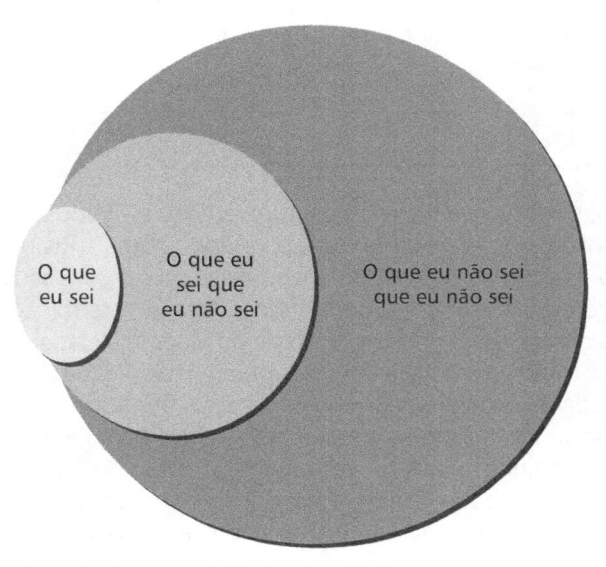

FIGURA 6.1 Movendo-se para a competência consciente.

À medida que procuramos mais sobre o que sabemos que não sabemos, expandimos continuamente o círculo do que sabemos — e à medida que ficamos mais conscientes do que nós não sabemos que não sabemos, transpomos os limites do nosso conhecimento e da nossa competência. Aprendemos a ver onde já tivemos pontos cegos e redescobrimos o quanto ainda há para sabermos.

Competência consciente gera confiança, a base para a coragem. Para ganhar essa coragem, precisamos nos tornar conscientes da base e da extensão da nossa competência. Para se tornar melhor em qualquer coisa, você precisa entender por que você é bom nisso e quais deficiências você precisa superar para aumentar sua competência.

Ao contratar vendedores, um autor costumava optar por incompetentes conscientes, porque eles entendiam em que precisavam se aprimorar e, se estivessem motivados, poderiam tornar-se melhores. Os competentes inconscientes, por outro lado, podem ser bons, mas não sabem o motivo e, portanto, têm dificuldade para melhorar.

Você é um competente consciente? Quando você percebeu sua competência? Entre a percepção de competência e um entendimento consciente disso, a maioria das pessoas precisa de tempo para reflexão e descoberta. Algumas encontram imediatamente e outras aceleram o processo de descoberta através do questionamento consciente. Em que situações você reconheceu sua competência pela primeira vez e quando você realmente entendeu o motivo? Pense um pouco sobre isso.

Dan Jansen teve uma experiência como chefe de equipe de helicóptero, de cujas decisões dependiam várias vidas. Apesar de ter uma autoestima baixa quando se juntou ao serviço pela primeira vez, experiências de vida e morte todos os dias o obrigaram a assumir funções de liderança. Essa experiência lhe ensinou a necessidade de saber o que é importante e o que não é. É fundamental estar certo e é essencial eliminar toda dúvida pessoal. Você precisa ser decisivo, dizer o que você vai fazer e fazer o que você disser.

A base da boa liderança é a confiança. As pessoas não seguirão aqueles em que não confiarem, não importa o quanto sejam tecnicamente competentes ou inteligentes ou quão maravilhosas suas ideias pareçam. Um elemento fundamental para estabelecer confiança é ser vulnerável — isto é, estar disposto a aceitar o conhecimento e as ideias dos outros — juntamente com a capacidade de ser aberto e honesto sobre si próprio.

Como gerentes de contratação, muitas vezes nós, autores, entrevistamos vendedores técnicos para o mercado industrial. A integridade pessoal era muito importante. Uma das perguntas que fazíamos era: "Qual a situação mais difícil que você já enfrentou? Como você lidou com ela?". O objetivo da pergunta era ver se o candidato falava algo substancial ou não. Seu jeito de responder diz muita coisa sobre você — sobre sua abertura, sua confiabilidade e se as outras pessoas confiarão em você.

Algumas das respostas para essa pergunta eram triviais; outras, profundas. Compare estas respostas: uma pessoa disse que a experiência mais difícil foi ter uma nota B em um curso, problema que foi resolvido ao falar com o professor e oferecendo-se para trabalhar mais para conseguir uma nota A. Outro falou sobre problemas com álcool e drogas na juventude, passar pela intervenção de amigos e da família e completar o tratamento que lidou com a causa fundamental. Em qual dessas pessoas você confiaria mais?

Para construir confiança, você precisa aceitar as outras pessoas — e você mesmo. Isso significa permitir que outras pessoas entrem, ouçam, revelem e ofereçam empatia. Significa explorar, evoluir e defender o que importa para você e o que você quer em sua vida. Significa estar com outras pessoas, juntar-se a elas, compartilhando as alegrias e as tristezas da vida e construir relacionamentos sinergéticos. Quando você tem confiança, você não precisa se defender ou fingir ser o que não é. Todos usamos máscaras algumas vezes para nos proteger e para impressionar outras pessoas. A maioria das pessoas consegue ver através desse tipo de projeção e então se afastam de nós, deixando uma lacuna onde deveria haver confiança.

Quais entre os seus líderes admirados são conhecidos por serem confiáveis? Que comportamento adotam para permitir a construção dessa confiança? Como suas organizações reagem?

Jim é um exemplo claro disso. Presidente de uma grande unidade de negócios numa empresa da *Fortune 50*, Jim virou a hierarquia do fluxograma da organização de cabeça para baixo. Ele achava que sua função e seu título deveriam estar na parte inferior para representar sua responsabilidade de servir e apoiar todas as partes interessadas – funcionários, clientes, acionistas, a comunidade e futuros funcionários.

Jim compartilhava sua verdadeira personalidade e seu conhecimento arduamente conquistado com qualquer pessoa. Todo mundo queria ser seu sócio. Ele era positivo, motivador, aberto e não tinha medo de compartilhar aquilo em que acreditava. Concentrava-se sua atenção em garantir que todas as pessoas fossem informadas sobre a verdadeira situação da empresa em todos os momentos. Esperava que as outras pessoas também fossem fiéis a si mesmas e agradecia pelas suas informações sobre grandes decisões comerciais.

Consistente com seu panorama positivo, Jim se focava em recompensas e reconhecimento — destacando as pessoas em todos os níveis que agissem para o bem de seus grupos e da organização. Ele fazia bom uso do pronome *nós* em todas as discussões de negócios. As pessoas gostavam de Jim e queriam fazer parte da sua equipe. Seu comportamento confiável gerava mais confiança. Ele moldava o caminho para que as outras pessoas encontrassem suas convicções e estivessem dispostas a ser vulneráveis.

— Autor ERM

Este tipo de liderança tem enorme impacto sobre a organização e sobre sua capacidade de prosperar. As pessoas querem colaborar, querem compartilhar a vitória e estão dispostas a se esforçar ao máximo.

Para construir confiança, você precisa entender o seu ambiente, as pessoas com interesses e suas responsabilidades — então demonstrar a todos que você tem credibilidade, uma pedra angular na construção de qualquer relacionamento. Tudo isso se traduz numa liderança eficaz. Quando líderes incentivam maior iniciativa, assunção de riscos e produtividade, demonstrando confiança em empregados e resolvendo conflitos com base em princípios, não em cargos, eles aumentam sua credibilidade.

Superando seus medos

Um fator primordial na construção de credibilidade e confiança é ser capaz de identificar e superar seus medos. Afinal, quais são as origens dos seus medos? Você teme por sua segurança pessoal ou da sua família? Você tem medo de perder o emprego? Você teme que ocorram crises financeiras ou conflitos internacionais? Provavelmente eles estão relacionados a todas essas coisas, geralmente associados a algum tipo de perda. Experimentar o medo é parte de ser humano. Você precisa entender como e por que surgem seus medos, para que você possa lidar com eles de maneira consciente.

A maioria dos medos recai em quatro categorias principais: erros, fracasso, dor pessoal e rejeição — todos relacionados a alguma perda. Assim como a maioria das pessoas, você provavelmente terá pelo menos um desses medos. Mas e daí? E se você cometer um erro? Ou fracassar? Ou sentir dor? Ou for rejeitado? Isto é uma tragédia? Provavelmente não. Então o que é? É mais provável que seja uma inconveniência. Pense em todos os seus medos e considere "o pior que poderia acontecer". Geralmente acaba sendo um inconveniente. Podemos não gostar de inconvenientes, mas podemos lidar com eles. Então do que se deve ter medo?

Quando enfrentamos decisões difíceis, muitas vezes deixamos que medos irracionais ou inconscientes nos impeçam de fazer o que sabemos que é certo. Precisamos manter a noção de fazer o que é certo em primeiro plano e lidar com qualquer inconveniente que aparecer, reagindo de forma apropriada. Como diz Stephen Covey, "nós podemos escolher como reagir". Na verdade o que conta não é o que nos acontece na vida, mas como reagimos. As experiências de líderes emergentes demonstram que confrontar a maioria dos medos efetivamente leva não à inconveniência, mas ao sucesso.

Jill Chang tinha certeza de que nunca seria capaz de dominar a língua inglesa. Apesar de não ser tímida, ela tinha medo de ficar em pé diante de plateias e falar. Sentia que não a entendiam e que nunca aprenderia a se expressar de maneira adequada. Jill se esforçou muito para praticar inglês — em seus cursos de liderança, na frente do espelho, com os amigos que a avaliaram, no carro enquanto dirigia e assim por diante. Ainda assim, seu progresso parecia muito lento. Finalmente, entre o segundo e o terceiro curso de liderança, ela contratou um tutor para ajudá-la a melhorar o seu inglês. Após sua apresentação final na terceira sessão, a classe a aplaudiu de pé. Ela obteve sucesso por superar seus medos. Estava orgulhosa desse resultado e, consequentemente, construiu uma confiança renovada. Agora ela diz: "Eu posso falar diante de qualquer grupo, sabendo que meu inglês não é perfeito, mas que sou claramente entendida".

> Curt Bradford se irritava facilmente e temia não conseguir administrar isso. Reagia fortemente quando colegas, superiores ou amigos discordavam dele. Muitas vezes tinha respostas mordazes ou hostis a qualquer coisa que parecesse desafiar seu pensamento ou seu trabalho. Percebendo que seus medos eram irracionais, ele tentava desacelerar e ouvir de maneira mais atenta quando sentia o início de uma reação de fúria. Pedia explicações sobre o que tinha acabado de ser dito, para que pudesse ouvir novamente a intenção por trás da afirmação. Isto fazia com que pensasse mais cuidadosamente sobre como queria reagir. Foi preciso tempo e esforço, mas ele aprendeu a não se defender contra agressões não intencionais.

Identifique os medos que o impedem de ser melhor. Em seguida, procure as crenças e causas por trás desses medos, para que você possa entendê-los melhor e encontrar maneiras de abandoná-los.

Até aqui, descrevemos elementos fundamentais para avaliarmos o potencial de liderança: através de pontos fortes ou competências fundamentais, com abertura e vulnerabilidade que ajudam a construir a credibilidade e confiança e identificando e superando medos que nos impedem de ser o nosso melhor. Esses são apenas alguns dos muitos elementos que você pode levar em consideração.

Bill George, em *True North* (2007), descreve o processo de descobrir nosso potencial como "descascar a cebola". Ele começa identificando nossas camadas externas, tais como as aparências, o estilo de liderança, a linguagem corporal e o vestuário. Em seguida, ele identifica as camadas interiores que nos impulsionam e nos motivam, incluindo os lados inconscientes, os pontos cegos e as vulnerabilidades. George inclui algumas perguntas de reflexão e exercícios úteis para ajudar a aprofundar a sua avaliação.

Nossos cursos de liderança usaram extensivamente cinco instrumentos de avaliação:

- usando o *feedback* 360°, mencionado anteriormente;
- aprendendo sobre suas preferências de acordo com tipos de personalidade;
- medindo sua inteligência emocional;
- encontrando e classificando seu estilo de aprendizagem;
- identificando seus valores e paixões.

Cada um desses instrumentos pode acrescentar ao seu entendimento da situação atual e fornecer um ponto de partida para o futuro que você quer criar.

Feedback 360°

A técnica de *feedback* 360° envolve respostas para perguntas abertas, feitas a pessoas com todo tipo de relacionamento comercial com a pessoa avaliada. Isso inclui colegas, superiores, subordinados, contrapartidas em organizações fornecedoras e clientes, e assim por diante. Reunindo informações de várias fontes, esse processo revela *insights* e percepções que podem ser mais difíceis de ver do que qualquer perspectiva única.

Tipos de personalidade

Esta avaliação baseia-se no inventário de personalidade denominado Indicador de Tipo Myers-Briggs (MBTI), concebido para tornar a teoria dos tipos psicológicos, descrita por Carl Jung, compreensível e útil. De acordo com Jung, uma variação aparentemente aleatória no nosso comportamento é, na verdade, ordenada, consistente com as formas distintas pelas quais as pessoas usam sua percepção e seu julgamento.

O modelo tipológico de Jung considera tipo psicológico como algo semelhante a ser canhoto ou destro: as pessoas nascem com maneiras preferenciais de pensar e agir ou as desenvolvem. O MBTI classifica algumas dessas diferenças em quatro pares opostos, resultando em 16 tipos psicológicos possíveis. Nenhum desses tipos é *melhor* ou *pior* do que os outros; Briggs e Myers teorizaram que indivíduos naturalmente *preferem* uma combinação geral de diferenças de tipo. Da mesma forma que escrever com a mão esquerda é difícil para um destro, as pessoas tendem a achar o uso das suas preferências psicológicas opostas mais difícil, mesmo que elas se tornem mais proficientes com a prática e o desenvolvimento.

Os tipos costumam ser identificados por quatro letras, retiradas dos seguintes pares possíveis:

- Extroversão (E) ou Introversão (I)
- Intuição (N) ou Sensoriamento (S)
- Sentimento (F) ou Pensamento (T)
- Julgamento (J) ou Percepção (P)

Essa avaliação ajuda as pessoas a entender melhor suas preferências e comportamentos. Também é útil para entender e interagir com outras pessoas que tenham tipos de personalidade diferentes. Uma versão online está disponível no site www.personalitypathways.com/typeinventory.html.

Inteligência emocional

Outra ferramenta poderosa de avaliação mede a inteligência emocional de um líder potencial. Como uma quantidade cada vez maior de pesquisas sugere, construir competência nessa arena tem enormes benefícios. Na verdade, a inteligência emocional tem muito mais impacto do que o QI. A importância de emoções em ambientes de trabalho foi estabelecida (Ashforth 2000; Jordan and Troth 2006; Weiss and Cropanzano, 1996). A inteligência emocional, um conceito multidimensional que vincula emoção e cognição com o objetivo de melhorar interações humanas (Mayer, Brackett, and Salovey, 1997), tem sido associada à melhoria do comportamento no local de trabalho (Aritzeta, Swailes and Senior, 2007 e Ashforth, 2000) e, especificamente, comportamento (Druskat and Wolff, 2001) e desempenho (Jordan and Troth, 2004) da equipe.

Apesar de haver várias ferramentas de avaliação disponíveis, nós preferimos usar uma que mede as capacidades inerentes — os conceitos básicos inerentes à inteligência emocional, conforme todos os pesquisadores definiram. Os conceitos básicos são os seguintes:

- consciência das próprias emoções e das dos outros;
- facilitação emocional;
- entendimento emocional;
- gestão das próprias emoções e das dos outros (Mayer, Bracket and Salovey, 1997).

Em todos os modelos, a consciência emocional e a gestão são habilidades centrais. Quase todas as competências de liderança dependem da gestão dos nossos relacionamentos com as outras pessoas, que começa com a gestão de nós mesmos. Dan Goleman e colegas (Goleman, Boyatzis and McKee, 2002) e outras pessoas (por exemplo, Boyatzis, McKee and Johnston, 2008) demonstraram por que essas habilidades e capacidades são necessárias para líderes eficazes. Essa ferramenta fornece um perfil de competência em empatia, regulamento social, autocontrole e acesso de emoções em interações diárias com as outras pessoas, o que leva a resultados efetivos em relacionamentos.

Líderes técnicos passaram a valorizar a importância de desenvolver suas competências emocionais e muitos acharam seus próprios resultados esclarecedores. Ao desenvolver consciência e empatia, eles aprendem a entender melhor as emoções das outras pessoas e mostrar compaixão de maneiras abertas e saudáveis.

Estilos de aprendizagem

Uma avaliação mais útil vem do trabalho de Kolb (Kolb, 1981, 2007), sobre como entender estilos de aprendizagem. A aprendizagem contínua é fundamental para o desenvolvimento contínuo. Conhecer suas tendências naturais pode ajudar a tornar sua aprendizagem mais eficaz. De acordo com Kolb, o ciclo de aprendizagem requer quatro processos para que a aprendizagem ocorra (veja a Figura 6.2):

- **Divergência (Concreto, Reflexivo)** — Esta habilidade enfatiza a abordagem inovadora e imaginativa de se fazer as coisas. Isso significa que você pode visualizar situações concretas a partir de várias perspectivas e que é capaz de se adaptar pela observação em vez de pela ação. Você se interessa por pessoas e tende a ser orientado pelos sentimentos. Você provavelmente gosta de atividades como grupos cooperativos e *brainstorming*.

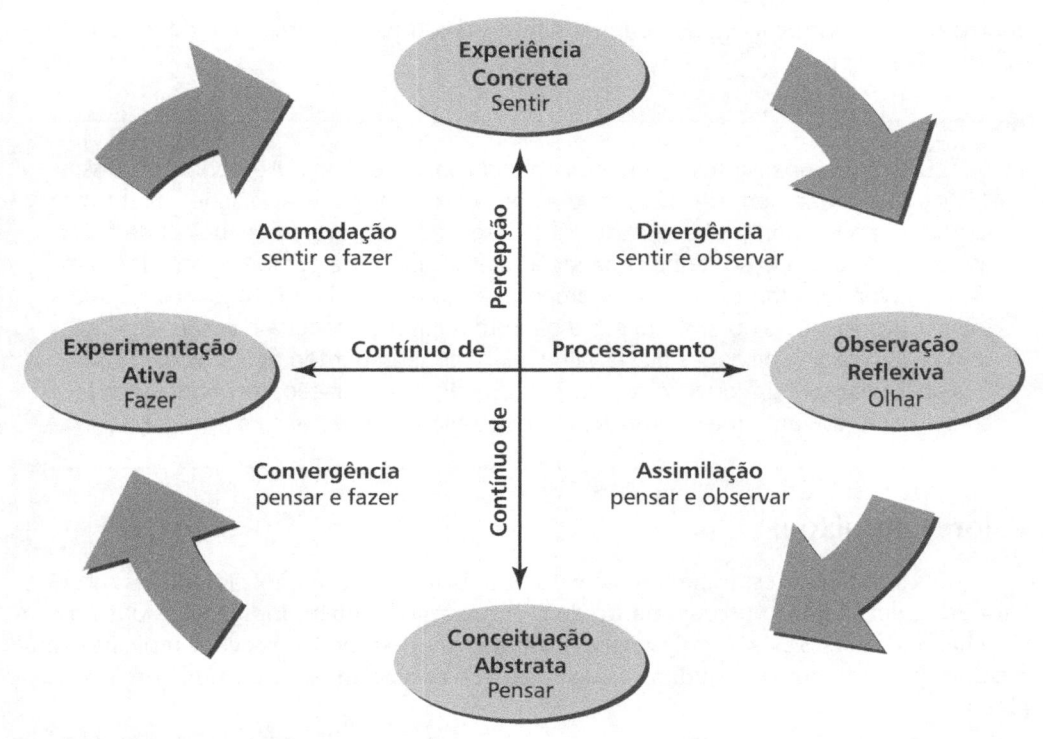

FIGURA 6.2 Ciclo de aprendizagem de Kolb.
Fonte: Permissão concedida pelo Hay Group, Inc.

- **Assimilação (Abstrato, Reflexivo)** — Trata-se da capacidade de reunir várias observações e pensamentos diferentes num todo. Certamente você gosta de raciocinar indutivamente e criar teorias e modelos. Você gosta de fazer projetos e experiências para testar o que é possível.
- **Convergência (Abstrato, Ativo)** — Essa habilidade enfatiza a aplicação prática de ideias e a solução de problemas. Você gosta de tomar decisões, resolver problemas e fazer a aplicação prática das ideias. Você prefere problemas técnicos a questões interpessoais.
- **Acomodação (Concreto, Ativo)** — Trata-se de usar tentativa e erro em vez de pensamento e reflexão. Você é bom em adaptar-se às mudanças de circunstâncias. Você resolve problemas de forma intuitiva, por tentativa e do erro, assim como o que é feito na aprendizagem através da descoberta. Você também tende a ficar à vontade com as pessoas.

Com esta avaliação, os aprendizes podem identificar suas preferências e ver como aprendem melhor, criando novas atividades de aprendizagem com projetos adequados que incorporem suas preferências. Essa avaliação tem relações fortes e semelhantes aos de outras ferramentas e confirma a singularidade dos aprendizes e seus pontos fortes identificados. Isso é igualmente valioso para líderes quando apresentam informações a terceiros.

Depois de analisar os resultados da sua avaliação, Paula Hetherington disse: "Estou espantada com o que aprendi sobre mim com essas avaliações. Sinto-me confiante ao ver minhas habilidades singulares, pontos fortes e maneiras de fazer as coisas. Agora não só tenho uma ideia muito melhor de como utilizar tudo isso a meu favor, mas também vejo claramente como isso pode funcionar para ajudar meus funcionários e nossas equipes a gerirem melhor a maneira como cumprimos as nossas responsabilidades de trabalho". Ela conseguiu integrar todos os resultados da avaliação a um quadro coerente da sua própria situação, tornando possível, como resultado, uma melhor execução do seu plano de liderança e aprendizagem.

Valores e paixões

É fundamental estar ciente dos valores subjacentes que não são apenas os guias para entender melhor nosso conjunto de crenças, mas também indicadores das nossas escolhas na vida. Eles são guias para a tomada de decisões, fornecem indicadores à medida que crescemos e ajudam a esclarecer os pontos mais importantes em nossos planos.

Muitos autores identificaram valores pessoais e organizacionais para levar em consideração à medida que você desenvolve seu plano de liderança e aprendizagem. Brian Hall (1995) fornece uma ampla gama de valores que englobam todas as culturas. Trata-se de uma ferramenta valiosa para avaliar o conjunto de valores de uma pessoa.

Nós, autores, desenvolvemos nosso próprio conjunto de valores, disponível no apêndice, a ser considerado pelo jovem líder exigente. Usando essa ferramenta como guia, você precisará refletir por um tempo, considerando quais os valores que servem como seus principais impulsionadores de comportamento, escolhas na sua vida e guias importantes para garantir um bom ajuste com sua organização.

Frederick Hudson (1999) entrevistou centenas de líderes para entender melhor como valores fundamentais impulsionam seus comportamentos e suas escolhas. Dessa compilação de entrevistas com líderes, ele identifica seis conjuntos de valores centrais, que descreve como fontes profundas de paixão e compromisso:

- Intimidade
- Senso de self
- Realização
- Criatividade e jogo
- Procura por significado
- Compaixão e contribuição

A escolha de qualquer um destes valores humanos costuma depender do momento da vida. A seleção e o equilíbrio dos valores tornam cada capítulo sequencial diferente dos anteriores, dando um senso de propósito e significado a cada um.

Passar o tempo em reflexão para identificar o que traz alegria e empolgação, quais são os valores que o orientam e como você os usa lhe dá uma base clara para trabalhar. Reconhecer como eles mudam à medida que você cresce e se desenvolve é um combustível para gerar energia e propósito de vida.

Para outros instrumentos de avaliação e suas descrições, veja o apêndice no final deste livro.

Reflexões sobre o Capítulo 6

1. Qual é o seu potencial de liderança? Como você sabe?
2. Qual avaliação você já usou no passado? Quais novos instrumentos de avaliação podem ter valor para você?
3. Qual *feedback* chegou a você sugerindo que outras pessoas o veem como detentor de um forte potencial para liderança? Como você pode reunir mais insights dos outros?
4. Na sua opinião, quais são os fundamentos de se tornar um líder? Faça uma lista daqueles que você acredita que sejam os mais importantes.

CAPÍTULO

7

Vislumbrando o que você deseja

Agora que você já avaliou atentamente as influências na sua formação e avaliou seu potencial de liderança, pense no que você quer para sua vida — e como você vê a sua contribuição. Por exemplo,

- Que tipo de líder você quer ser?
- O que é natural para você?
- O que é sucesso para você?
- Como você saberá que teve sucesso?
- Quais são seus sonhos para o futuro?
- A que distância você está dessa visão?

Para descobrir o tipo de líder que você quer ser, pense nos líderes que o influenciaram. O que eles fizeram diferente? Como você definiria seus estilos de liderança? Será que estavam demonstrando estilos autênticos, carismáticos ou comportamentos servidores? Quais suas características mais admiradas?

> À medida que analisamos o caminho que a teoria da liderança tomou, nós avistamos os destroços da "teoria da característica", da "teoria do grande homem" e do "crítico situacional", dos estilos de liderança, da liderança funcional e, finalmente, da liderança sem líder, para não falar da liderança burocrática, da liderança carismática, de líderes focados no grupo, da liderança focada na realidade, da liderança por objetivo e assim por diante. A dialética e reversões de ênfases nesta área quase rivalizam com as voltas tortuosas de práticas de criação de filhos. Pode-se parafrasear Gertrude Stein dizendo "um líder é um seguidor é um líder."
>
> — *Administrative Science Quarterly*

Líderes vêm em todos os tamanhos, formas e disposições — mas a maioria deles tem algumas características comuns. A primeira é uma visão orientadora: os líderes devem ter ideias claras do que querem fazer, tanto em termos pessoais quanto profissionais, e persistência diante de reveses e fracassos. A não ser que saiba aonde está indo e por quê , você não poderá chegar lá. Os líderes se inventam. Eles não nascem, mas vencem por esforço próprio. Alguns líderes foram feitos por acidente, circunstância, mera força de vontade ou perseverança.

A maioria dos cursos de liderança foca no ensino de habilidades. Nós tentamos ir além das habilidades e fornecer um modelo para ajudar os líderes em potencial a se inventar da sua própria maneira. Eles dedicam tempo e energia a estudar outros líderes e contemplar seus próprios talentos e habilidades, mas no final trabalham com sua própria matéria-prima.

O mesmo se aplica a você: se conhecer a si mesmo e se ser você mesmo fosse tão fácil de fazer como de dizer, não haveria tantas pessoas imitando posturas de outros, repetindo ideias de segunda mão e tentando desesperadamente se encaixar.

Para definir sua visão, invente-se da sua própria maneira. Aprenda com cada passo, desaprenda quando necessário e seja o autor de sua própria vida. De acordo com Bennis (1989), "você pode aprender o que quiser, mas o verdadeiro entendimento vem da reflexão sobre sua própria experiência". Isso requer esforço e sérios questionamentos para alcançar a autoconsciência. Nada é realmente seu até você entender. No entanto, uma vez que você entende, você sabe o que fazer. Aprendizagem e entendimento são as chaves para a direção própria. Nossos relacionamentos com os outros nos ensinam sobre nós mesmos.

Ninguém pode ensiná-lo a ser você mesmo. Com efeito, por mais bem-intencionados que tenham sido seus pais, professores e/ou colegas, o melhor que eles podem fazer é ensiná-lo a não ser você mesmo. Conforme Jean Piaget, o famoso psiquiatra suíço, afirmou, de maneira tão inequívoca, "cada vez que ensinamos algo a uma criança, nós impedimos que ela invente a si própria".

Para iniciar o processo de invenção, você precisa se comprometer com a aprendizagem inovadora e criar uma nova. É assim que você percebe a sua visão, exerce sua autonomia e trabalha dentro de seu contexto predominante de uma forma positiva. É um processo dinâmico e cheio de possibilidades, começando com curiosidade e criatividade e alimentado pelo conhecimento e pela compreensão. Ele permite que você altere as coisas. "Começamos a moldar a vida em vez de sermos moldados por ela" (Bennis, 1989).

Os profissionais técnicos que entrevistamos determinaram seus próprios cursos de ação. Um usou uma análise de lacuna ter-querer. Começando com o estado atual e estabelecendo o futuro desejado, este líder emergente determinou o que deveria fazer para passar de um estado ao outro. Em primeiro lugar, identifique o que você tem. Considere as coisas mais tangíveis, tais como renda, responsabilidades do trabalho e tempo de lazer, além de coisas menos tangíveis, como o seu senso de felicidade, paz de espírito e satisfação própria.

Em seguida, liste o que você quer. Imagine um futuro ideal, em que você tenha a melhor situação: um trabalho de que você gosta, uma sensação de fazer a diferença no mundo e tempo adequado para desfrutar da sua família e dos seus amigos. Quais foram as experiências mais gratificantes que você teve e quais experiências você ainda não teve, mas quer ter no futuro?

Tendo identificado o que você tem e o que você quer, faça duas perguntas chave: por que você quer que as coisas sejam diferentes e o que será preciso para criar esse futuro?

1. **Por que você quer que as coisas sejam diferentes?** Sua principal motivação pode ser aumentar sua renda, tornar-se o melhor em algo, tornar seu trabalho mais significativo, facilitar a vida ou reduzir seus custos. Você pode ser impulsionado por objetivos pessoais, tais como ganhar mais respeito, aumentar seu poder, obter mais reconhecimento, ou tornar-se mais destacado no seu grupo ou na sua sociedade. O que é importante para você?

2. O que vai ser preciso para criar esse futuro? Se você souber o que quer e isso for diferente do que você tem, quais são as barreiras para alcançar seus objetivos? Se você sabe quais são as barreiras, você está tomando medidas para superá-las? O que está lhe custando não tomar essas medidas?

Estas perguntas são simples, mas as respostas não. Lidar com mudança é sempre difícil, especialmente se ela envolver procurar dentro de você mesmo as crenças e as motivações que o impedem de crescer. Às vezes elas são difíceis de ver e de reconhecer. No entanto, para avançar em direção à pessoa e ao líder que você quer ser, você precisa identificar essas questões e solucioná-las.

Quando enfrentamos o desconhecido e ficamos diante da necessidade de mudar, muitas vezes estamos lidando com quatro medos fundamentais: erros, fracasso, rejeição e dor. Muitas vezes somos nossos piores inimigos — os maiores obstáculos para o nosso progresso — quando tentamos mudar. Sentir-se incapaz de agir, mesmo em direção a metas que queremos alcançar, pode ser debilitante. Líderes superam esses sentimentos.

Reconhecendo seu potencial

Alguns dos líderes que entrevistamos não reconheciam seu próprio potencial antes que outras pessoas o vissem. A mesma coisa pode acontecer com você. Você lembra, no Capítulo 5, o quanto Paula Hetherington ficou espantada com as percepções que as outras pessoas tinham dela como líder? Outras pessoas passaram por experiências similares:

> Patsy Hall, líder de equipe numa grande fabricante de equipamentos médicos, ficou impressionada com o que descobriu. Ela tinha lido livros de autoajuda que forneciam novos *insights* e achava que as perguntas provocativas naqueles livros eram úteis para refletir sobre suas crenças, motivações e paixões. Ela nunca tinha feito perguntas profundas a ela mesma sobre seu futuro. Simplesmente presumia que, se fizesse um bom trabalho, portas se abririam automaticamente. Ela não tinha pensado em assumir o comando, fazer as coisas acontecerem, ou procurar orientação de mentores ou *coachs* para ajudá-la a planejar um modo de alcançar seus sonhos. Quando essas possibilidades ficaram claras, ela teve a inspiração para seguir em frente e se tornar uma pessoa capaz de moldar seu futuro.

> Ham Wilson, também funcionário de uma grande fabricante de equipamentos médicos, sentia que revisar as avaliações e analisar os comentários de outras pessoas foi benéfico — mas ainda estava cético. Após seu último curso de liderança, ele disse: "bem treinado para ser cético em relação a teorias não comprovadas e hipóteses não quantificadas, eu acompanhei discussões sobre as chama-

das habilidades amenas de liderança de maneira tendenciosa. Minha teimosia foi reforçada pela minha dificuldade de discutir e praticar as chamadas *soft skills*. Não sabendo como medi-las de maneira tangível, senti-me despreparado para monitorar meu progresso rumo ao desenvolvimento dessas habilidades. Nos últimos três anos eu 'aprendi a aprender' no que diz respeito a avaliar e desenvolver essas habilidades intangíveis. Reconheço que elas são integrantes do contexto de liderança em geral, intimamente tecidas no pano a partir do qual surgem líderes excepcionais. Essa lição meta-cognitiva é a habilidade mais importante depois da pós-graduação, que abre um campo de pesquisa e exploração inteiramente novo e crescente nos próximos anos".

Ralph Schultz, outro líder perspicaz, disse: "um dos meus sábios mentores fez uma afirmação muito poderosa da qual nunca me esquecerei. Ele disse: 'Viva cada dia como você gostaria de ser lembrado e ame cada dia como se fosse o último'. Sempre que eu falava com ele sobre meu futuro e sobre o que eu queria me tornar, ele perguntava, 'onde está seu coração? Esta é sua paixão?' Muitas vezes me faço essa pergunta para ver se estou sendo fiel a mim mesmo e se estou fazendo o que sei que pode me transformar num grande líder. Conhecer e ver a situação, ser capaz de comunicar a todos os níveis, tratar as outras pessoas com respeito, gentileza e empatia, ser verdadeiro e honesto consigo mesmo são qualidades que vejo num grande líder. Acima de tudo, eu acho que as ações, os pensamentos e a paixão de um grande líder devem estar em harmonia uns com os outros".

Como você esclarece sua visão do futuro e tem a noção do que é possível? Muitos dos líderes emergentes encontraram suas próprias maneiras de descobrir como colocar isso em palavras e planos que funcionassem para eles. Qual é a sua?

Wade Dennison tinha uma grande projeção para seu futuro quando tinha menos de 30 anos. Tinha como objetivo trabalhar em países em desenvolvimento. Mas como poderia chegar de lá? Wade usou um método testado pelo tempo de uma forma totalmente nova. (Veja a Figura 7.1.)

O diagrama de Ishikawa, ou de espinha de peixe, é usado por quem trabalha com qualidade para rastrear a origem de um problema. O método comum é colocar o problema na "cabeça" do peixe, depois listar possíveis causas como "ossos" ao longo de uma coluna central. Wade Dennison fez justamente o oposto, colocando seu objetivo de longo prazo como cabeça, listando as experiências e habilidades das quais precisaria para chegar lá. Ele está no caminho certo para alcançar seu objetivo e tem usado esse modelo para ajudar a orientar sua educação, seu trabalho e suas experiências de vida, para construir as credenciais de que precisa para ser qualificado e para realizar sua paixão definitiva.

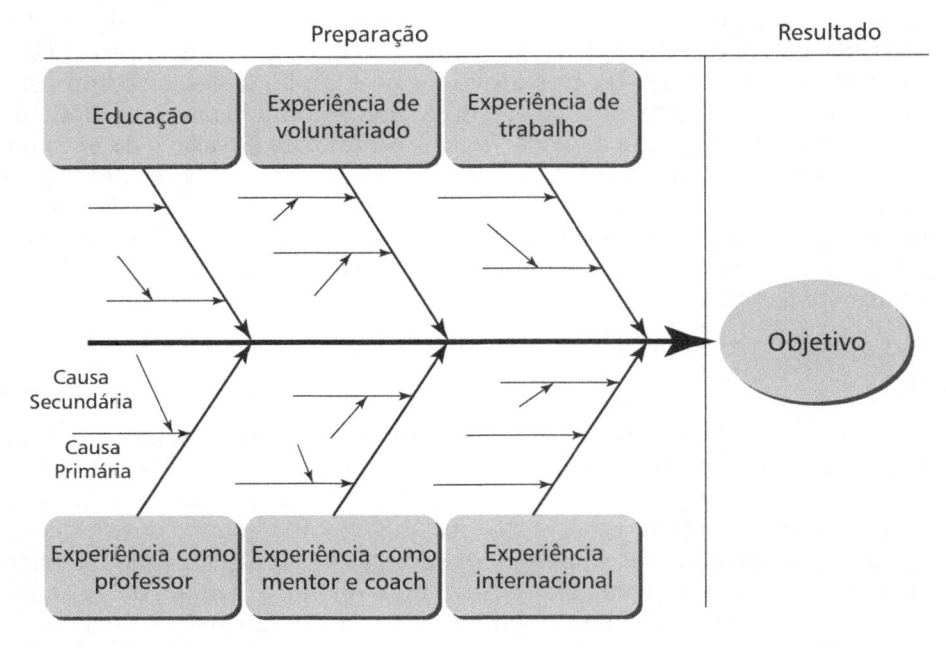

FIGURA 7.1 Abordagem modificada de Ishikawa para planejamento.

Carol Jacobs tem uma abordagem diferente para criar seu futuro. Ela não tem um plano principal, mas procura por novas experiências que ofereçam aventura. Não importa quão diferentes as novas experiências aparentem ser, ela se baseia em experiências e redes que criou no passado. Não se trata de uma abordagem de "folha de papel em branco" para o futuro, mas de um uso cuidadoso e estratégico dos recursos que ela desenvolveu. Pensando constantemente sobre como pode adaptar experiências e redes pessoais passadas às situações atuais, Carol recorre a relacionamentos duradouros para ajudá-la.

Outro líder descreve um método que usou várias vezes em sua carreira para ajudar a organizar as prioridades e tomar decisões em situações complexas de carreira com muitas opções viáveis. Usando uma planilha, liste as opções na primeira coluna da esquerda. No topo, liste os critérios de decisão importantes para você. Estes podem ser qualquer coisa: salário, flexibilidade de tempo, satisfação no trabalho, localização e assim por diante. Na linha abaixo dos critérios, coloque um número de peso, como 10 para "alto" e 0 para "baixo". Em cada célula, liste a classificação que você daria a cada opção sob cada critério. Então, para cada opção, multiplique o peso pela classificação e registre o produto. Isso proporciona um bom primeiro corte na prioridade de cada opção.

Prepare-se para pensar diferente

Independentemente de como você identifica e articula sua visão, existem alguns fundamentos a considerar. Prepare-se para pensar diferente e expandir seus horizontes. Quando alguém sugerir algo que pareça ridículo, em vez de dispensar a ideia, peça para a pessoa elaborá-la. Um antigo executivo de uma grande empresa de dispositivos médicos, que teve grande sucesso durante sua carreira, usava essa abordagem. A mulher dele diz que ele conseguia passar um tempo infinito ouvindo várias pessoas com ideias malucas. Ele nunca as desprezava e sempre aprendia alguma coisa. Uma definição de visão diz que você precisa ser capaz de ouvir um monte de ideias malucas e manter uma cara séria.

Como pessoas educadas e de pensamento crítico, tendemos a procurar falhas fatais. Nós somos bem versados em análise, mas não tanto em inovação e criatividade. O lado esquerdo do nosso cérebro é bem desenvolvido, mas seu lado direito não. Ele precisa de mais exercício. A vida organizacional é cheia de cultura do lado esquerdo do cérebro: o pensamento lógico, analítico, técnico e controlado é a regra. Qualidades do lado direito do cérebro, como intuição, conceituação, síntese e solução criativa de problemas também são valiosas.

Na maioria das organizações, os gerentes funcionam como o lado esquerdo, e o grupo de P&D funciona como o lado direito do cérebro. Um líder deve combinar os dois, usando o que Hesselbein e Goldsmith (2006) chamam de uma abordagem de todo o cérebro. Isso inclui aprender a confiar naquilo que Emerson chamou de "impulso abençoado", o palpite, a visão que lhe mostra rapidamente qual é a coisa absolutamente certa a se fazer. Os líderes devem aprender a confiar nestes impulsos, a prestar atenção à voz interior, que é a coisa mais pura e mais verdadeira que temos.

Bea Ellison fala sobre fazer o incomum — pensar fora da caixa, criar e inventar algo sem ser testado — a partir de palpites em que aprendeu a confiar. Ela reflete muito, pensa de maneira intencional, usa capacidades aguçadas de observação e aproveita oportunidades de fazer coisas que não foram feitas antes. Depois de alguns sucessos fazendo coisas de maneiras incomuns, pensando por meio de novas possibilidades, Bea conseguiu confiar mais plenamente na sua intuição e correr mais riscos. O conselho de Bea é não fazer as mesmas coisas de sempre ou você obterá os mesmos resultados.

Outro líder técnico compartilha sua experiência por meio de *brainstorming*. Ele sente que você pode desenvolver sua capacidade de pensar de forma diferente envolvendo outras pessoas no *brainstorming*, a identificação aberta de ideias e soluções de forma irrestrita. Somente após esgotar uma lista de ideias é que elas são avaliadas criticamente. Esse processo cria um ambiente aberto onde todos são incentivados a ter ideias, não importa o quanto elas sejam loucas. O processo estimula mais ideias e pode acabar levando a abordagens que não teriam sido consideradas anteriormente. Sem pensar de maneira diferente, não é possível fazer as coisas de maneira diferente. Você pode cuidar e assumir a responsabilidade por incentivar o *brainstorming* e pensar de maneira diferente em qualquer grupo. Ideias novas e melhores surgirão.

Muitas pessoas aprendem com os erros, assumindo riscos e às vezes só de ficarem aterrorizadas. Estar numa situação de vida ou morte pode chamar sua atenção. Algumas pessoas ficam paralisadas e não conseguem fazer nada. Outros estão prontas para a ocasião, pensando "o que tenho a perder?" e "o que tenho a ganhar?". A maioria das nossas experiências diárias não é tão crítica; elas não têm o potencial para a tragédia, mas algumas têm. Várias das pessoas que entrevistamos aprenderam com estas experiências:

Dan Jansen pertencia a um grupo em sua empresa que estava desenvolvendo um novo dispositivo para detectar ventos cruzados em pistas de pouso e decolagem, o que pode ser um grande problema na aterrisagem de aviões. O projeto falhou porque a teoria na qual o dispositivo estava se baseando provou-se incorreta. A preocupação da equipe de engenharia foi que essa falha diminuísse o interesse dos executivos em buscar outros projetos criativos. No entanto, o líder da equipe lidou muito bem com o fracasso. Escreveu uma análise completa do projeto, explicando a causa do fracasso e a apresentou aos colegas do grupo de *design*, bem como aos executivos. Por causa dessa análise e dessa explicação abrangentes, a empresa continuou a buscar outros projetos inovadores.

Rae Collins vê a maratona como metáfora para o momento de sua carreira em que se sentia deprimida e com medo de nunca alcançar seus objetivos. Na época, ela aprendeu que precisava continuar. Insistiu no seu trabalho, desenvolvendo uma nova tecnologia. Com a ajuda de sua equipe, conseguiu encontrar uma solução, registrar uma patente e inovar na liderança de sua empresa. Como na maratona, ela tem orgulho de perseverar. Diz que nunca teria escolhido a dor, mas agora ela reconhece como ela a fortaleceu e lhe forneceu uma prova de fogo para a aprendizagem.

O fracasso também pode ser um grande professor. Em entrevistas com meninas da 6ª série num acampamento de verão de engenharia residencial, o fracasso foi classificado como a segunda parte mais divertida do acampamento. O fracasso precoce dos aviões que elas estavam construindo levou as meninas a trabalhar juntas, identificando o que deu errado e, então, corrigindo. Essa foi a chave para seu eventual sucesso. Um colega que ensina neurociência ouviu a história e disse: "Isso é a essência da pesquisa. Eu tenho muito mais fracassos do que sucessos na minha pesquisa".

Erros podem virar lições positivas quando os analisamos calmamente, percebendo onde nós erramos, revisando mentalmente e então agindo sobre as revisões. Quando grandes jogadores de golfe erram o alvo, eles não perdem tempo com o erro. Em vez disso, começam a melhorar sua postura ou sua tacada. E grandes golfistas efetivamente erram. Observe seu jogador favorito e perceba como erros tornaram-se grandes lições para superar obstáculos com ações estratégicas. O importante é usar erros de maneira criativa.

A reflexão inspira

Assim como vários pioneiros, a ativista de direitos das mulheres, Gloria Steinem, transformou o ato de se aventurar em águas desconhecidas em uma vocação. Ela diz: "Intelectualização demais tende a nos paralisar, mas a verdadeira reflexão inspira, informa e acaba nos levando a uma solução" (Bennis, 1989). Você só poderá tornar consciente o que é inconsciente quando conseguir ver seus erros e fracassos como uma parte básica e vital de vida. Para fazer algo bem é necessário saber o que se está fazendo e isso só é possível tornando o processo consciente.

Um colega da pós-graduação do autor estava na patrulha de esqui do exército nas montanhas da Itália. O sargento dele sempre dizia à equipe: "se você não estiver caindo, você não está se esforçando o bastante". Precisamos aprender a fracassar cedo e muitas vezes, depois tentar novamente. A essência está em como reagimos a isso.

Pense em alguém que você conhece que superou um fracasso e faça algumas perguntas a esta pessoa:

- A experiência foi boa ou ruim? Por quê?
- O que esta pessoa aprendeu?
- Qual foi o lado positivo?
- Você tem vontade de tentar novamente?

Em muitos casos, um fracasso é fundamental para receber uma nova responsabilidade. Uma vez que você tiver vivenciando um fracasso, você poderá reconhecer os sinais mais cedo da próxima vez e tomar uma ação corretiva. Se você continuar tentando, aprendendo com os erros, as coisas mudarão de maneira significativa.

As organizações que não permitem erros criam dois tipos de comportamento contraproducente. Erros são encobertos ou tendem a ser reinterpretados de forma seletiva, para que todos possam fingir que não houve erro. De um jeito ou de outro, ninguém aprende a se beneficiar da experiência.

Ao compartilhar sua filosofia sobre erros, o ex-aluno Ben Kittleson disse, "eu decidi que, mais do que qualquer outra coisa, eu queria estabelecer um clima em que nós pudéssemos incentivar as pessoas a assumir riscos. Começamos com a premissa de que, independentemente do que quiséssemos, só poderíamos chegar lá se as pessoas pudessem fazer o que quisessem. Logo reconheci que era relativamente ingênuo da minha parte supor que qualquer pessoa poderia fazer qualquer coisa. No entanto, por outro lado, se você quer acreditar que o crescimento vem dos riscos assumidos, que você não pode crescer sem ele, então é essencial auxiliar as pessoas em seu crescimento, fazendo com que tomem decisões, cometam erros e aprendam com eles".

Um bom exemplo está no *The Wall Street Journal* (2005) sobre Warren Buffett, o bilionário investidor e executivo que administra a Berkshire Hathaway Inc. Buffett criou uma organização que funciona bem para ele e para seus investidores, com lucros anuais estimados em 31% desde 1951, em comparação com os 11% anuais das S&P 500.

O que acontece quando alguém comete um erro na Berkshire Hathaway? A empresa não renderia 31% de lucros por mais de 50 anos permitindo que as pessoas percam dinheiro. Aqui está a notícia, de acordo com o *Journal*:

> O Sr. David Sokol, CEO da subsidiária de energia MidAmerican Berkshire Hathaway, lembra que se preparou para uma reunião em agosto de 2004, na qual planejava dar ao Sr. Buffett a notícia de que a empresa de energia de Iowa precisava amortizar cerca de US$ 360 milhões para um projeto de zinco que não deu certo. O Sr. Sokol diz que ficou muito surpreso com a reação do Sr. Buffett: "David, todos nós cometemos erros." A reunião deles durou apenas 10 minutos. "Eu teria me demitido se fosse ele", diz o Sr. Sokol. "Se você não cometer erros, você não poderá tomar decisões", diz o Sr. Buffett. "Você não pode permanecer com eles". O Sr. Buffett observou que ele mesmo cometeu "erros muito maiores" do que o Sr. Sokol.

Considere a reação de Sokol: "Eu teria me demitido". Provavelmente você seria despedido por um erro de 360 milhões, mas essa não é a pior parte. O pior é que muitos de nós abrimos mão de tentar qualquer coisa nova. Passamos mais tempo nos lamentando ou encobrindo nossos erros do que tentando aprender com eles. Damos adeus à posição de "principal cometedor de erro" que, na hierarquia organizacional, reporta-se ao "principal inovador". Não podemos ter um sem o outro, então vamos parar de tentar.

Finalmente, recuperar sua visão exige confiança, correr riscos e se adiantar. Isso significa que, quando você identificar uma situação que precisa de liderança, você deve falar mais alto e se tornar visível. Você deve formar uma equipe, identificar claramente o problema a ser resolvido e reunir todas as habilidades de seus companheiros de equipe para encontrar a solução.

É claro que isso envolve risco, mas optar por não se posicionar significa que a situação persistirá, e isso tem seus próprios riscos. Posicionar-se exigirá que você demonstre coragem. Pode ser ao mesmo tempo assustador e estimulante, mas também pode ser divertido. Pense nisso como embarcar numa aventura, ou tornar-se seu detetive de mistério favorito.

As pessoas não costumam se considerar corajosas. Na maioria das vezes, evitamos situações que exigem coragem, mas, às vezes, não podemos. Então onde você encontra coragem? Ela vem principalmente de dois lugares, ambos dentro de você: um é uma forte paixão por algo e outro é a confiança.

Você é apaixonado por coisas que são importantes para você. Pense nos temas em que você se envolve e perde a noção da hora. Quando você está trabalhando com paixão, você tem a perseverança, a persistência e a energia para dar o melhor de si mesmo.

A confiança vem de conhecer suas habilidades e capacidades — o resultado de sua educação, formação e experiência. Esse conhecimento foi confirmado pela reação das outras pessoas em relação ao aumento de responsabilidades que você conquistou.

Valide sua ideia

Quando você vê problemas, costuma achar que tem uma ideia melhor de como resolvê-los? A maioria de nós pensa assim. Então, você se esforça para validar sua ideia e tomar medidas? A maioria de nós, não. Líderes testam suas inspirações em comparação com as opiniões das outras pessoas, construindo apoio e refinando conceitos.

Para fazer a diferença que você deseja, defina sua visão. Depois a valide envolvendo-se com outras visões. Elas podem incentivá-lo e trabalhar com você. Divulgue seu poder pessoal. Essa é a característica de liderança que você desenvolve ao ajudar outras pessoas a atingir seus objetivos.

Como conclusão no final do seu processo de desenvolvimento de liderança, Ham Wilson disse: "Eu acredito que experiências sérias são essenciais não só para validar as bases a partir das quais se constrói a autenticidade do líder. Elas também são oportunidades para flexionar e melhorar a capacidade de adaptação de um líder". Ao passar por isso, os líderes ganham uma confiança no conhecimento, o que atua como um critério para futuras decisões ao mesmo tempo em que acolhe desafios e riscos futuros, valorizando o potencial de crescimento encontrado até mesmo no fracasso. Bennis descreve a capacidade de adaptação como "criatividade aplicada — uma capacidade quase mágica de transcender a adversidade, com todos os estresses que a acompanham, e de surgir mais forte do que antes" (Bennis and Thomas, 2002). É a combinação de robustez e a capacidade de entender o contexto que, acima de tudo, permite a uma pessoa não só sobreviver a uma experiência difícil, mas aprender com ela e a surgir mais forte, mais engajada e mais comprometida do que nunca. Esse conhecimento interior fortalece o compromisso, a confiança e a vontade profissional da pessoa — ao mesmo tempo em que também estimula o instinto darwiniano de aprender e adaptar-se, tornando-se aberta aos riscos associados à mudança. A capacidade de adaptação permite que líderes estejam totalmente presentes e cientes das mudanças necessárias para suas organizações no futuro emergente, junto com a confiança e vontade de agir num instante.

A seguir apresentamos um exercício de visão final, adaptado da Sociedade de Aprendizagem Organizacional.

Traga à tona sua visão de liderança pessoal

Este exercício começa informalmente. Você se senta e elabora algumas ideias sobre seus objetivos, os escreve no papel, num caderno ou no seu computador. Ninguém nunca precisa vê-los. Não existe uma resposta certa e nenhuma forma mensurável de ganhar ou perder. A ludicidade, a criatividade e a coragem são todas úteis — como se você pudesse novamente agir como a criança que já foi, que fazia perguntas semelhantes muitos anos atrás. Escolha um local onde você possa se sentar ou se reclinar com privacidade, um espaço tranquilo e relaxante para escrever, com mobiliário confortável e sem luz gritante ou outras distrações visuais. Toque sua música favorita, ou trabalhe em silêncio, se preferir. O mais importante é entregar-se a esse exercício por um bom tempo — pelo menos uma hora num dia relativamente calmo. Não atenda ao telefone nem receba visitas nesse momento.

Etapa 1: Criando um resultado

Entre num estado de espírito reflexivo. Respire fundo algumas vezes e livre-se de qualquer tensão enquanto solta o ar, para que fique relaxado, confortável e centrado.

A partir daí, você pode começar o exercício imediatamente ou pode relaxar, recordando-se uma imagem importante. Pode ser um local favorito, real ou imaginário, um encontro com uma pessoa querida, a imagem de um animal ou a lembrança de um evento significativo: qualquer momento no qual tenha sentido que algo especial estava acontecendo. Feche os olhos por um momento e tente permanecer com essa imagem. Então abra os olhos e comece a responder as perguntas no parágrafo seguinte. Imagine alcançar um resultado na sua vida que você deseje profundamente — tais como onde você mais deseja viver ou os relacionamentos que você mais deseja ter. Ignore até que ponto isso parece possível ou impossível. Imagine-se aceitando a plena manifestação deste resultado. Descreva por escrito ou desenhe a experiência que você imaginou, usando o tempo presente, como se estivesse acontecendo agora:

- Como é esse momento?
- Qual é a sensação?
- Quais palavras você usaria para descrevê-lo?

Passo 2: Refletindo sobre o componente da primeira visão

Agora faça uma pausa para considerar sua primeira resposta à pergunta. Você articulou uma visão que se aproxima do que realmente quer? Pode haver diversas razões para você ter tido dificuldade para fazê-lo:

"**Não posso ter o que quero**". Fingir que pode ter qualquer coisa que desejar pode não ser uma tarefa fácil. Muitas pessoas acham que isso contradiz um hábito mantido desde a infância: "Não pense muito sobre o que você quer, porque talvez você não consiga realizar". Num golpe preventivo contra a decepção, diminuem qualquer objeto dos seus desejos profundos. "Isso nunca vai corresponder às expectativas, de qualquer maneira". Ou podem sentir que tenham de substituí-lo por outra coisa: podem ter uma carreira de sucesso ou uma vida familiar satisfatória, mas não ambos.

Nesse exercício, você está tentando aprender qual é a sua visão. Questionar se é possível ou não é irrelevante. Faz parte da realidade atual. Suspenda suas dúvidas, medos, temores e preocupações sobre os limites de seu futuro. Escreva, no momento, como se a vida real pudesse satisfazer seus desejos mais profundos: o que aconteceria?

"Eu quero o que outra pessoa quer". Algumas pessoas escolhem suas visões de acordo com o que consideram ser o desejo de outros: um pai, um professor, um supervisor ou um cônjuge. Durante todo este exercício, concentre-se no que você quer. Você pode perceber que está articulando que quer um bom relacionamento (por exemplo) com seu cônjuge; você quer ter tempo para se dedicar a esse relacionamento, a compreensão para agir com sabedoria dentro dele e a capacidade de cumprir os compromissos mútuos que você assumiu. Mas você só deve incluir isso se for realmente o que quer para si — não porque você acha que seu cônjuge iria querer.

"Não importa o que eu quero". Algumas pessoas supõem que o que querem não é importante. Rabiscam rapidamente qualquer coisa que vier à mente, só para colocar no papel "qualquer velha visão que pareça boa". Mais tarde, quando precisam de uma visão pessoal coerente como base para aprendizagem futura, sua pressa acaba mostrando que foi contraproducente. Não se menospreze. Se, como muitos de nós, você tiver dúvidas sobre merecer recompensas, imagine as recompensas que você gostaria de ter se *realmente* as merecesse.

"Eu já sei o que eu quero". Durante este exercício, você pode criar um novo senso do que quer, especialmente se não tiver feito essa pergunta a si mesmo há algum tempo. Uma visão pessoal não é um negócio fechado, esperando ser desenterrado ou decodificado. Trata-se de algo que você cria e continua a recriar, ao longo de sua vida.

"Tenho medo do que eu quero." Às vezes as pessoas dizem: "Bem, e se eu não quisesse mais ficar no meu emprego?". Outras temem que, se começarem a querer as coisas, possam perder o controle ou ser obrigadas a mudar suas vidas.

Uma vez que esta é a *sua* visão, ela não pode "fugir" com você. Ela só pode aumentar a sua consciência. Entretanto, sugerimos que você estabeleça seus próprios limites em relação a este exercício. Se um assunto o assustar demais, ignore-o. No entanto, o fato de você se sentir inquieto sobre algo pode ser uma pista para a aprendizagem potencial. Daqui a um ou dois anos você poderá querer voltar a esse assunto — a seu critério.

"Não sei o que eu quero." Em *The Empowered Manager* (1991), Peter Block oferece uma abordagem que funciona de maneira eficaz com pessoas que dizem que não têm uma visão pessoal ("de grandeza", de acordo com ele) para si mesmas. Com efeito, ele diz para não acreditar nelas: "a resposta a isso é dizer 'suponha que você tivesse uma visão de grandeza: qual seria ela?'". Uma visão existe dentro de cada um de nós, mesmo que não a tenhamos explicitado ou a manifestado. Nossa relutância para articular a nossa visão é uma medida do nosso desespero e uma relutância em assumir a responsabilidade por nossas vidas, nossa própria unidade e nossa própria organização. Uma declaração de visão é uma expressão de esperança, e, se não tivermos esperanças, será difícil criar uma visão".

"Eu sei o que eu quero, mas não posso tê-lo em meu local de trabalho". Algumas pessoas temem que sua visão pessoal não seja compatível com a atitude da organização ou com sua visão. Mesmo ao pensar nisso e trazer essas esperanças à tona, podem comprometer seu trabalho e seu cargo. Essa atitude impede que muitas pessoas articulem suas visões ou que deem continuidade a esse exercício.

Trata-se realmente de uma questão de realidade atual. Como tal, vale a pena testar a percepção. De vez em quando, alguém que conhecemos efetivamente faz o teste, perguntando a outros membros da organização o que eles realmente pensam desta "perigosa" visão proposta. Frequentemente, a resposta é "não é nada de mais." Ao serem abordadas diretamente, as organizações tendem a aceitar muito mais nossos objetivos e interesses por nós mesmos do que nossos medos nos fazem acreditar.

Entretanto, você pode estar certo sobre a falta de aceitação da sua visão. Se você não puder tê-la no trabalho *neste* lugar, então sua visão poderá incluir encontrar outro lugar para trabalhar que permita que você cresça e floresça. Você também poderá pensar sobre sua visão do voluntariado, trabalhando para uma organização como *Habitat for Humanity* ou iniciar sua própria organização sem fins lucrativos.

Passo 3: Descrevendo sua visão de liderança pessoal

A seguir, responda as seguintes perguntas. Novamente, use o tempo presente, como se estivesse acontecendo agora. Se as categorias não se adaptarem muito para as suas necessidades, sinta-se livre para ajustá-las. Continue até que uma imagem completa do que você queira seja preenchida nas páginas.

Imagine atingir os resultados que você deseja profundamente na sua vida. Qual seria a sensação de atingi-los? Como você os descreveria?

- **Autoimagem:** Se pudesse ser exatamente o tipo de líder que gostaria, quais qualidades você teria?
- **Tangíveis:** Que coisas materiais você gostaria de ter?
- **Casa:** Qual é o seu ambiente de vida ideal?
- **Saúde:** Qual é o seu desejo de saúde, bem-estar, exercícios físicos e qualquer outra coisa relacionada ao seu corpo?

- **Relacionamentos:** Que tipos de relacionamentos você gostaria de ter com amigos, família e outros?
- **Trabalho:** Qual é a sua situação vocacional ideal? Qual impacto você gostaria que seus esforços tivessem? Como você quer conseguir influenciar os outros e a sua organização?
- **Buscas Pessoais:** O que você gostaria de realizar em termos de aprendizagem pessoal, viagens, leitura ou outras atividades?
- **Comunidade:** Qual é a sua visão para a comunidade ou a sociedade em que vivemos?
- **Outros:** O que mais, em qualquer outra esfera da sua vida, você gostaria de criar?
- **Propósito da vida:** Imagine que sua vida tenha um propósito único — cumprido através do que você faz, suas inter-relações e como você vive. Descreva esse propósito, como outro reflexo das suas aspirações.
- **Contribuição:** Quais dons e talentos você sabe que tem que farão diferença no mundo?

Passo 4: Expandindo e esclarecendo sua visão

Se você for como a maioria das pessoas, as escolhas de que abre mão são uma mistura de elementos altruístas e egoístas. Parte da finalidade deste exercício é suspender seu julgamento sobre o que vale a pena desejar e perguntar-se, em vez disso, qual aspecto destas visões está mais próximo dos seus desejos mais profundos. Para descobrir, você expande e esclarece cada dimensão de sua visão. Nesta etapa, reveja sua lista de componentes de sua visão de liderança pessoal: inclua elementos de sua autoimagem, tangíveis, casa, saúde, relacionamentos, trabalho, ambições pessoais, comunidade, propósito de vida e qualquer outra coisa.

Faça a você mesmo as seguintes perguntas sobre cada elemento antes de seguir para o próximo.

Se eu pudesse ter isso agora, eu aceitaria ou não?

Alguns elementos da sua visão não passarão desta pergunta. Outros passarão no teste condicionalmente: "Sim, eu quero, mas só se...". Outros passam e são esclarecidos ao longo do processo.

As pessoas às vezes são imprecisas sobre seus desejos, até mesmo para elas próprias. Por exemplo, você pode ter escrito que gostaria de possuir um castelo, mas, se alguém realmente te desse um castelo, com suas dificuldades de manutenção e modernização, sua vida poderia mudar para pior. Depois de se imaginar responsável por um castelo, você ainda o aceitaria? Ou mudaria seu desejo: "Quero um grande espaço, com uma sensação de afastamento e segurança, mas tendo todas as conveniências modernas".

Suponha que eu tenha agora. O que isso me acrescenta?

Esta pergunta o impulsiona para uma imagem mais rica da sua visão, então você pode ver mais claramente suas implicações inerentes. Por exemplo, talvez você tenha escrito que quer ser o CEO. Por que você quer isso? O que isso permitiria que você criasse? "Eu quero", você poderia dizer, "pela sensação de liberdade". Mas por que você quer a sensação de liberdade?

A ideia não é diminuir visão — é bom querer ser CEO — mas sim expandi-la. Se a sensação de liberdade é realmente importante para você, o que mais pode produzi-la? E, se a sensação de liberdade é importante porque existe algo por trás, como você pode entender essa motivação mais claramente? Você poderá descobrir que quer outras formas de liberdade, como a decorrente de um corpo ou uma mente saudável. E por que, por sua vez, você quer um corpo bem tonificado? Ou por que você quer isso para seu prazer? Todas essas razões são válidas, se essas forem as suas razões.

Revelar todos os aspectos da visão leva tempo. Parece um pouco como colocar de volta as camadas de uma cebola, exceto que cada camada permanece valiosa. Talvez você nunca descarte seu desejo de ser o CEO, mas continue tentando expandir seu entendimento do que é importante para você. Em cada camada, pergunte mais uma vez, "se eu pudesse ter isso, eu aceitaria? Se tivesse isso, o que isso me acrescentaria"?

O diálogo a seguir mostra como alguém lidou com esta parte do exercício:

Meu objetivo, neste momento, é aumentar minha renda.

O que isso acrescentaria para você?

Eu poderia comprar uma casa na Carolina do Norte.

E o que isso acrescentaria para você?

Eu ficaria mais perto de minha irmã. Ela mora perto de Charlotte.

E o que isso acrescentaria para você?

Uma sensação de estar em casa e de união.

Você colocou na sua lista que você queria ter uma sensação maior de estar em casa e de união?

Não, não. Só agora percebi o que realmente está por trás dos meus outros desejos.

E o que uma sensação acrescentaria para você?

Uma sensação de satisfação e realização.

E o que isso acrescentaria?

Acho que não tem mais nada — eu só quero isso. Ainda quero um relacionamento mais próximo com minha irmã. E a casa. E, por falar nisso, a renda. Mas a sensação de satisfação parece ser a fonte do que estou buscando.

Você pode descobrir que vários componentes da sua visão levam aos mesmos três ou quatro objetivos principais. Cada pessoa tem seu próprio conjunto de objetivos principais, às vezes guardado tão profundamente que não é raro as pessoas chorarem quando o percebem. Fazer constantemente a pergunta "O que isso acrescentaria?" o faz mergulhar numa estrutura delicadamente insistente que o obriga a parar para ver o que você realmente quer.

Reflexões sobre o Capítulo 7

Uma vez que você refletiu profundamente sobre você mesmo, seu potencial e o que realmente deseja criar em sua vida, é hora de pensar no que pode estar prendendo você, quais os obstáculos que você encontrou no passado que parecem impedi-lo de seguir em frente com seus planos. Isso é mais um passo na sua autoavaliação. O exercício a seguir é útil para registrar no diário e entender melhor as barreiras que o impedem de avançar. Livre-se de qualquer barreira percebida e você estará no caminho para identificar os objetivos que levam à sua visão.

Depois de ler todos os dados da sua situação atual sobre si mesmo, seus valores, suas paixões, seus pontos fortes e resultados da avaliação, faça a você mesmo estas perguntas-chave:

1. Do que você precisa abrir mão para começar sua jornada rumo a sua visão?
2. O que você realmente desejará manter — levando com você?
3. O que você vê que claramente *precisa ser diferente*?
4. Quem fará parte da sua *equipe de apoio* na sua jornada?

CAPÍTULO

8

Desenvolvendo sua personalidade de líder: buscando apoio

Na nossa cultura, nós nos orgulhamos de sermos "executores". Realizamos múltiplas tarefas, enchendo nossos horários do amanhecer até o anoitecer. Famílias inteiras estão ocupadas e com pressa. Praticamente tudo parece ser feito com pressa, embora tudo também torne-se um hábito. Fumar, tomar café e assistir à TV são exemplos de comportamento habitual. Gostaríamos de fazer outras coisas mais agradáveis, mais saudáveis e mais inteligentes, como exercícios, brincar com as crianças, ler, escrever um romance, aperfeiçoar o Tai Chi, cantar, dançar, estar na natureza, aprendendo a tocar violino ou simplesmente passar o tempo refletindo.

O custo desse estilo de vida agitado não é óbvio, mas é enorme. A maioria não mantém um diário ou arranja tempo para fazer uma reflexão séria. Por que isto é importante? Qual é o custo de não fazermos isso?

O custo pode ser medido pelo estresse em nossas vidas pessoais e pelo estresse acumulado no local de trabalho. Ele reduz nossa eficácia individual e coletiva. O estresse adoece as organizações, os grupos e as famílias e cobra o seu preço em vidas individuais, muitas vezes como um dos principais causadores de ataques cardíacos, câncer e outras doenças debilitantes.

A maioria dos líderes e dos potenciais líderes está tão envolvida no ritmo acelerado que perde de vista o valor e os benefícios de parar e refletir. Num seminário recente de desenvolvimento de liderança, quando os participantes foram convidados a refletir sobre o conteúdo do curso, muitos deles viraram os olhos, como que com repulsa. Por que um convite à introspecção causaria essa reação? Será que é porque estamos tão ligados ao ritmo acelerado que não temos tempo ou não queremos parar? Ou será que é porque não conhecemos os benefícios de uma reflexão introspectiva?

A maioria de nós sabe muito bem que a reflexão é uma poderosa ferramenta de aprendizagem. Ela abre portas para a aprendizagem transformadora. Primeiro, ela nos autoriza a desafiar nossas próprias suposições limitadoras e/ou normas construídas socialmente. Se pararmos para fazer perguntas simples como "O que é que eu suponho?" e "Por que eu considero que essa suposição seja verdadeira?", nós teremos o potencial para identificar nossas crenças restritivas, cogitar alternativas e mudar nossas perspectivas. Essa mudança de perspectiva, seguida por uma mudança resultante de comportamento, indica transformação. Pense no valor de pedir para líderes refletirem criticamente sobre suas práticas atuais de liderança. Ao fazerem isso, eles estarão prontos para o crescimento e para a mudança.

Um segundo valor é que a reflexão é fundamental para integrar perspectivas múltiplas à nossa. Nos ambientes atuais, somos incentivados a buscar *feedback* de diversas partes interessadas para melhorar nosso desempenho. Portanto, quando paramos para entender as percepções que outras pessoas têm das nossas ações, por que elas as têm e como essas percepções aumentam ou limitam o nosso poder, podemos crescer significativamente com a experiência. Sem reflexão, seríamos duramente pressionados a desenvolver um plano de ação eficaz para capitalizarmos sobre sucessos.

Muitos benefícios resultam de parar para refletir: redução dos níveis de estresse, envolvimento de maneira mais significativa com os demais, pesquisas mais responsáveis e valorização da incerteza. A maioria das pessoas descreve a liderança como um processo humano compartilhado, que é essencialmente um envolvimento com a vida e um compromisso com a realização humana. Trata-se de "assumir a responsabilidade por nós mesmos juntamente com os outros, criando uma comunidade global digna do melhor que nós, seres humanos, podemos oferecer" (Bolman and Deal, 1995).

"Reflexão em ação" é a capacidade de pensar sobre o que você está fazendo enquanto está fazendo. Ela exige que você se concentre em ideias, faça ligações e chegue a conclusões. Exige ainda que perceba a complexidade e múltiplas perspectivas, reconhecendo que iniciativas confusas não são facilmente controladas e em geral incluem muitos participantes. A reflexão é fundamental para o aprendizado. Trata-se de uma maneira de tornar a aprendizagem consciente e o obriga a ser mais intencional. Ela chega ao âmago da questão e o ajuda a entender o passado, para que você possa planejar mais claramente o futuro. A seguir mostramos como alguns dos nossos líderes técnicos emergentes aprenderam com práticas de reflexão:

Matt Jones disse: "No começo, fiquei confuso com essa ideia de reflexão... O que eu deveria fazer, afinal? Foi útil em discussões em sala de aula ouvir o que os outros alunos estavam fazendo — escrevendo um diário sobre suas perguntas, ou passando um tempo conversando com amigos e/ou sócios envolvidos pelos mesmos pensamentos ou mesmas ideias. Consegui começar a notar quais são alguns dos meus pensamentos (falar comigo mesmo) quando estou confuso ou em confronto com um colega. Consegui ver o quanto é útil parar para refletir sobre esses pensamentos".

Barbara Young compartilhou sua experiência de aprendizagem de reflexão em ação. Ela a vê como um diálogo consigo mesma, que ajuda a ter uma perspectiva ao refletir sobre o que fez, como fez e como pode fazer diferente da próxima vez. Ela também reflete sobre as conversas que teve com seus subordinados diretos, ou colegas — o que funcionou bem, o que poderia melhorar e quais seriam os próximos passos. Ela descobriu que esses diálogos consigo mesma são muito úteis e esclarecedores: "Às vezes eu não percebia o tamanho da minha sabedoria até reservar um tempo para realmente refletir de maneira profunda". Ela entende que tudo isso leva a um aumento da autoconsciência e a ações melhoradas de liderança.

Houve um tempo em nossa história em que retardar a gratificação era uma virtude. As pessoas poupavam, trabalhavam duro para atingir seus objetivos e deixavam para ser recompensadas mais tarde. Nossos antepassados viam esse comportamento como um sinal de maturidade. Então a coisa mudou.

Hoje, nossa sociedade prefere a recompensa imediata. Veja o endividamento das famílias, as despesas de cartões de crédito e a preocupação com a possibilidade de perda de emprego. Isso é bom ou não? É um sinal de perda de maturidade? É a abdicação de responsabilidade? Vem de nossos medos de que tragédias podem acontecer e de que não queremos perder nada?

Considerando que o curto prazo é mais visível para nós, o longo prazo é a grande questão. Nossas empresas sobreviverão? Nossa economia será robusta? O que é nossa responsabilidade pessoal e capacidade, para lidar com isso de forma responsável e sustentável?

Líderes técnicos preparados, engenheiros ou não, têm a obrigação expressa no código de conduta de "ser ético em nossos negócios, conservar os recursos da natureza de energia e materiais e servir o bem público." Você é responsável pela administração e sustentabilidade de nossos recursos. Por essa razão, é por isso que os técnicos carregam uma enorme responsabilidade de liderar. Você tem as habilidades e o conhecimento para resolver os enormes problemas que enfrentamos neste século, de meio ambiente e questões de energia a fornecimento de cuidados com saúde e água limpa.

Quase todos os entrevistados são exemplos claros de pessoas que retardaram a recompensa, simplesmente porque optaram por estender o aprendizado, para que seu plano de vida incluísse mais educação, mais exposição a novas ideias e crescimento pessoal, independentemente dos resultados esperados. Eles claramente optaram por adiar experiências que poderiam ter sido mais relaxantes e divertidas para que sua educação pudesse avançar. Muitas pessoas casadas compartilharam exemplos de querer completar seus estudos antes de começar uma família, e mesmo aqueles que tinham começado uma família queriam se formar antes que as crianças entrassem em idade escolar. Imigrantes de outros países estavam buscando uma educação ampla e profunda para ajudá-los no trabalho de liderança pretendido em seus países de origem.

Persevere com paciência

Betty Jarrett fala sobre suas habilidades para manter o foco, perseverar com paciência e saber que é nos relacionamentos que está o seu sucesso. Ela construiu uma sólida reputação, é vista com credibilidade e está disposta a esperar a próxima promoção, confiando, por sua experiência, que ela virá. Betty sabe que foi bem-sucedida ao fazer o seu melhor e que o resto virá. Ela é paciente, mas perseverante.

Brad Rosen é outro exemplo de alguém persistente em sua jornada. Primeiro, reconheceu seu potencial de liderança como estudante, trabalhando como ator em peças da escola. Ele sente que a liderança tem a ver com escolhas, autoconhecimento, desenvolvimento pessoal e reconhecimento. Sente que todos têm habilidades e fraquezas inatas, mas reconhece que passou a vida inteira como um aprendiz voraz, lendo tudo que encontrasse sobre liderança para discernir o seu próprio estilo de liderança e entendimento. Brad se sente confortável dedicando tempo a descobertas, equilibrando satisfação pessoal com a realização das necessidades de seu trabalho atual.

Intimamente relacionado com a gratificação adiada são paciência e persistência. Da época de Maquiavel e seus escritos em *O Príncipe*, sabemos que tentar mudar a ordem das coisas é difícil. Muitas pessoas se sentem desconfortáveis com a mudança e resistem a ela. Em parte por causa do hábito e principalmente porque a mudança leva ao desconhecido, é difícil mudar a forma como fazemos as coisas e ainda mais difícil mudar as crenças que orientam o nosso comportamento.

A liderança é ligada à mudança. Então, se você for um líder, deve compreender como ajudar as pessoas a superar seu desconforto com a mudança, o que requer tempo e paciência. Os líderes precisam levantar as questões, aguardar o retorno e não esperar uma resposta positiva imediata. Os líderes também devem compreender que as mensagens precisam ser repetidas muitas vezes para que as pessoas as compreendam e as aceitem antes que possam, finalmente, mudar. Muitos compreenderam isso há décadas. Requer persistência. Mudança não é novidade. O que é novo é o fato de que o ritmo e a complexidade atuais da mudança estão superando as habilidades de muitos líderes de reinventar a si mesmos ou a suas organizações. Muitas vezes são surpreendidos por eventos imprevistos lutando contra questões complexas, tentando criar certezas. Eles têm pouco tempo para responder a uma mudança antes que a próxima onda os atinja. A mudança constante é a nova norma, e a ansiedade é sua companheira. Então o que você deve fazer se quiser ser um líder eficaz da mudança?

John Young, antigo CEO da Hewlett-Packard, acredita que não podemos fazer previsões com certeza e que passar tempo planejando para todas as contingências possíveis não é produtivo. Young fala de "preocupação *just-in-time*" como abordagem. Ele não perdeu tempo se preocupando com coisas que poderiam nunca ter acontecido. No entanto, quando situações de fato surgiram, ele e sua equipe imediatamente colocaram energia intensiva na tarefa de encontrar soluções.

O líder da mudança de hoje é desafiado a se tornar um mestre da capacitação emocional. Isso envolve enfrentar o desconhecido com coragem e confiança, inspirando e desafiando as pessoas a fazer o seu melhor, enquanto mobiliza energia humana. Aprender a criar e gerenciar "o nível exato de ansiedade" é a nova ferramenta essencial para conduzir o lado emocional da mudança (Rosen e Berger, 2002). Isto exige reformular a sua própria visão de mudança e de incerteza e suas crenças sobre si mesmo, bem como compreender como controlar a ansiedade e ter uma perspectiva que reflete o otimismo realista, impaciência construtiva e humildade confiante.

Durante o seu processo de desenvolvimento, nossos líderes técnicos foram desafiados a começar a ver-se como mestres na liderança da mudança — compreendendo especialmente o lado emocional da mudança. É óbvio que crescer como um líder requer um foco contínuo no crescimento pessoal, já que desenvolvimento de liderança é autodesenvolvimento. Ser intencional sobre seu crescimento é a coisa mais importante que você pode fazer por si mesmo. Liderança é uma arte, e o instrumento é o indivíduo. O domínio da arte da liderança vem com o domínio de si mesmo.

Você deve ser muito claro sobre seus valores, suas crenças e sobre os princípios que irão guiá-lo em suas decisões. Além dessa base fundamental há uma grave e intencional busca por aprender a aprender — o que assimilar e o que deixar de lado. Isso requer auto-observação — aprender o que funciona para você, aprender com os outros, aprender com seus companheiros de equipe, aprender com superiores e subordinados, aprender com suas experiências bem-sucedidas tanto quanto com suas falhas — aprender em todas as dimensões disponíveis. Só através deste processo de aprendizagem você passa a se conhecer, a saber o que precisa desaprender. Finalmente, você aprende que tem a capacidade de se reinventar novamente.

Busca da reinvenção contínua

Nossos líderes compartilharam suas experiências de se tornarem eternos e ávidos aprendizes, em busca de reinvenção contínua:

"Há 18 meses uso meu trabalho como um laboratório para o meu desenvolvimento de liderança," conta Ham Wilson, "medindo meu progresso com objetivos de desempenho e metas de desenvolvimento pessoal. Esse processo, talvez não por coincidência, correlaciona-se com a transformadora Teoria U de Otto Scharmer. Inicialmente, eu me libertei do meu ceticismo anterior, permitindo-me fazer uma observação honesta. Em seguida, refleti sobre e aceitei o que sentia ser a verdade emergente sobre minhas capacidades de liderança. Finalmente, comecei a agir de acordo com as minhas intenções, usando minhas atividades de liderança no trabalho como oportunidades de formatar minhas ações e respostas, recebendo *feedback* antes da minha próxima tarefa iterativa. Meu desafio seguinte é disciplinar-me para continuar esse processo, praticando iterativamente as etapas de observação, reflexão e ação. Sinto que estou numa posição única para ser capaz de atingir esse objetivo de avaliação contínua e crescimento, baseado na minha visão para mim mesmo no futuro: a cada cinco anos, continuarei a me reinventar e me transformar profissionalmente através do contínuo planejamento para a próxima etapa da minha jornada e adaptando-me para enfrentar os novos desafios desta espiral de melhoria contínua — uma melhoria definitivamente voltada a uma compreensão mais holística do mundo e meu lugar nele. Ao longo do tempo, esse processo iterativo de prototipação irá definir a trajetória do meu desenvolvimento de liderança. Com cada iteração, serei obrigado a traduzir minhas habilidades em um novo contexto. Enfrentarei novos desafios. Experimentarei falhas abismais e aprenderei lições incríveis. Com o tempo, espero ver melhorias na minha capacidade de liderança e na minha capacidade de refletir com cada reinvenção deste ciclo de aprendizagem, finalmente traçando o caminho iterativo e a trajetória geral do meu desenvolvimento."

Carol Jacobs falou sobre um dos seus aprendizados mais importantes: "No meu processo de aprendizagem, descobri que preciso me libertar de algumas das crenças equivocadas que tinha sobre mim mesma como uma mulher em um mundo de homens. Senti que precisava tentar ser como o resto do pessoal do meu grupo, privando-me de minha convicção sobre quem eu era. Isso foi uma ideia significativamente nova para que eu deixasse de ver a mim mesma como uma atriz em meu mundo e começasse a deixar minha verdadeira personalidade transparecer."

Juan Martinez falou sobre abrir-se para a extensão de sua família, compartilhando o quão importante é para ele o "trabalho de caráter". Ele descreveu esse trabalho como uma contínua construção de credibilidade sendo a mesma pessoa em todos os ambientes – casa, trabalho, família e cenários sociais. Disse que era importante para ele ser modelo de respeito, autenticidade, coragem e fé. Seu modelo de homem de caráter é Abraham Lincoln, e ele se sentia profundamente comovido pela biografia de Lincoln e pelo testemunho que outras pessoas atribuem ao caráter de Lincoln.

Muitas vezes, os outros enxergam nosso potencial antes que nós mesmos o reconheçamos. Quem são as pessoas que acreditaram em você antes de você mesmo?

Para mim, começou na faculdade quando era estagiária num laboratório de uma empresa de equipamentos domésticos. O gerente de laboratório, Frank Sorrentino, me deu responsabilidades em análise de falhas e design de produto e me deu apoio numa decisão que eu tinha feito e audaciosamente enviado por telex (muito antes do *e-mail*) para o VP de manufatura, que, naquele momento, queria me demitir. Continuou com Charlie Ring e Lew Coronis no BMC, que me deram as primeiras oportunidades como supervisora e executiva, respectivamente. Jon Swanson na CPI me contratou e, em seguida, recomendou que eu ocupasse sua posição de diretor quando passou ao gerenciamento de projetos. Continuou com os ex-vice-presidentes da Honeywell Clint Larson e Arnie Weimerskirch e com o ex-vice-presidente da 3M, John Povolny, na Universidade de St. Thomas. Clint dedicou muito tempo e pensou em me orientar em momentos críticos na formação de uma Escola de Engenharia, Arnie prestou apoio inabalável no desenvolvimento de estratégias e John tem sido mentor há um quarto de século, fornecendo um modelo para liderar uma organização com foco nas pessoas.

— Author RJB

Como descobrimos durante nossas entrevistas, alguns não foram informados da razão pela qual eram vistos como líderes, vindo a saber muito mais tarde que tiveram seu potencial de liderança reconhecido antes que eles mesmos o fizessem. Eles pressentiam que tinham algumas características que inspiravam confiança nas pessoas. Mais adiante, foram capazes de chegar às próprias conclusões. Pense no quanto mais eles poderiam ter intencionalmente desenvolvido essas características se soubessem quais eram. Você está dizendo aos seus funcionários que habilidades especiais de liderança eles têm? Você está os ajudando a reconhecer e desenvolver essas habilidades? Você precisa observar como é visto e, quando obtiver novas responsabilidades e promoções, perguntar-se por quê. Você também precisa aprender a perguntar àqueles que tomam essas decisões. Pense em sua própria circunstância. Você sabe por que recebeu mais responsabilidade? Carol Jacobs sabe; ela pediu essa responsabilidade:

> Vários líderes, como Carol, compartilharam sua vontade de se posicionar e pedir novas responsabilidades, novos desafios e novas funções que lhes dessem mais visibilidade e oportunidades para aprender. Muito poucos se recolheram, esperando que alguém os notasse e lhes oferecesse novas oportunidades. Pelo contrário, eram histórias e mais histórias de pessoas reconhecendo quando a oportunidade estava lá, quando uma nova ideia era necessária ou algum gênio criativo estava sendo procurado. Esse é o momento de levantar a mão e se colocar à disposição. Você é um desses?

Há um vídeo maravilhoso, de autoria de Michael Porter, de Harvard, sobre a aquisição da Skil Corporation pela Emerson Electric. O vídeo mostra como os estudantes de MBA abordam as questões do caso. É apresentado em três seções: primeiro, uma palestra sobre a situação na Skil; segundo, uma seção sobre como os alunos de MBA lidariam com a aquisição; e, finalmente, uma entrevista com o encarregado da Emerson sobre como a empresa abordava as questões.

Nós usamos esse vídeo em sessões de liderança. Depois de mostrar a primeira parte, paramos o vídeo e perguntamos aos alunos o que eles fariam. O grupo identifica as questões e explica como lidaria com elas. Então passamos a segunda parte, apresentando sugestões dos alunos de MBA. As respostas são bastante diferentes. Então apresentamos a seção final. O executivo da Emerson explica sua abordagem: é quase idêntica à sugerida pelo nosso grupo. Depois de fazer esse exercício várias vezes, com os mesmos resultados, concluímos que esses profissionais técnicos têm todo o conhecimento e todas as habilidades de pensamento crítico necessárias para tomar decisões difíceis em um ambiente industrial complexo.

Percebendo seu potencial

Esses líderes técnicos não reconheceram isso sobre si mesmos, o que foi um sinal de alerta para seu potencial. Agora eles só precisam das ferramentas para reconhecer a liderança potencial que possuem e desenvolver a coragem para exercê-la.

Vinte e cinco anos atrás, quando eu era um gerente de vendas, vendíamos um serviço de consultoria técnica. Um componente desse serviço era uma rede de especialistas disponíveis por telefone. Quando um cliente pesquisador, engenheiro ou profissional de marketing tinha que resolver algo fora de sua área de atuação, essa pessoa poderia simplesmente pegar o telefone e ligar para obter uma resposta. Gerentes e adeptos recentes compreenderam o poder deste serviço, mas muitos técnicos resistiram. Por quê? Isso foi visto como traição. Eles tinham sido ensinados a descobrir tudo por conta própria. Pedir respostas a alguém era considerado trapaça. E, se chamavam um especialista, queriam saber de tudo primeiro, para não parecer "burros". Claro, as pessoas mais confiantes encontraram nisso um grande trunfo, e foram reconhecidos por usar seu tempo e seus recursos de empresa sabiamente. Eles eram os líderes.

— Author RJB

Felizmente, hoje o trabalho em equipe não só é aceito, como também incentivado e até mesmo exigido. A noção de indivíduos sabendo tudo, ou tendo que aprender tudo por conta própria, remete a reinventar a roda. Como disse um executivo da IBM, já é suficientemente ruim reinventar a roda, mas alguns reinventam a roda quadrada. Hoje em dia não há tempo para reinventar nada. Aprender com os colegas em equipes locais e ao redor do mundo é comum. Hoje não é traição; é trabalho em equipe. O mundo está disponível; existem especialistas para tudo, e eles gostam de falar sobre o que sabem. Como líder, você precisa usar todos os recursos disponíveis. Os ex-alunos que entrevistamos sabem que há poder no pensamento coletivo e que outras pessoas e a equipe como um todo podem tomar melhores decisões do que o líder sozinho.

Dan Jansen fala sobre a importância da equipe e do papel do líder para criar "capacitadores", qualquer coisa que ajude a equipe a obter sucesso. Ele explica o que precisa ser feito e por que precisa ser feito, depois dá algumas ideias. Então ele pergunta, "Você pode me ajudar a fazer isso?" Ele cria uma cultura e uma atmosfera de sucesso, verificando que é trabalho do líder reconhecer todos aqueles que fazem contribuições e trazem sucesso para a equipe. Ele se preocupa com o fato de que é colocada demasiada ênfase sobre a gestão e muito pouca na liderança, dizendo que as corporações são uma reunião social e são as pessoas que importam. Compreender isso é importante para a satisfação do trabalho, e há uma oportunidade para jovens líderes mudarem esse sistema.

Wade Dennison acredita que os líderes precisam de três características principais. A primeira é ser respeitoso com as pessoas, independentemente da posição ou categoria. A segunda é ter uma habilidade inata de olhar para sistemas, vendo como todas as peças interagem. E a terceira é uma orientação de busca de oportunidades sem pressa de julgar.

Dick Bastion fica animado ao ver a equipe gratificada pelo seu trabalho. Ele sabe que a equipe encontrará as melhores soluções, e insiste em sua criatividade constantemente, desafiando-os a apresentar múltiplas soluções. Dick acredita que a equipe sabe quais são os problemas e está na melhor posição para encontrar soluções. Orgulha-se do fato de que todos estão trabalhando juntos para o bem da empresa. Sucesso depende do que eles fazem como um grupo, não do desempenho individual.

Brad Rosen disse que construir relacionamentos que fazem diferença e satisfazer-se com o sucesso dos outros, bem como reconhecer o crescimento alheio, são fatores importantes para ele. Considera este ponto de vista como uma questão de maturidade, o que é um processo lento. Não precisar ser o foco das atenções exige humildade.

Corrine Anderson inicialmente achava que deixar as pessoas assumir responsabilidades era um desafio para ela e continua a trabalhar nisso. Ela agora gosta de delegar tarefas, acreditando que os membros de sua equipe encontrarão melhores maneiras de fazer as coisas que ela conseguiria sozinha. E observa, ainda, que, como pessoas bem-sucedidas, eles se tornam mais apaixonados pelo trabalho.

Keith Kutler tem um papel de liderança de grande importância na empresa em que trabalha como um dos quatro principais executivos encarregados de manter a empresa focada. Um grande desafio é moldar a cultura, construir lealdade, manter os bons funcionários, viver com autenticidade e ser visível na organização. Ele continua recebendo e dando *feedback*, ouvindo os problemas das pessoas, sendo sensível o suficiente para pedir ajuda na produção, enquanto busca suas ideias e as envolve nas decisões. Sente que manter funcionários alinhados com os objetivos da organização significa deixar que eles tomem parte nas grandes decisões da empresa.

Ganhando confiança

Ganhar autoconfiança é difícil para a maioria das pessoas, mesmo quando há muito sinais de que outras pessoas depositam essa confiança em nós. Considere como você foi tratado pela gerência. Você tem recebido mais responsabilidades? Você ainda tem seu emprego enquanto outros foram demitidos? Você foi selecionado para integrar uma equipe em um projeto de ponta? Observe como outros respondem você. Colegas procuram você para conselhos? Companheiros de equipe ouvem atentamente quando você fala? Esses são todos sinais de que as pessoas confiam em você.

Se você não está recebendo o reconhecimento, mas as pessoas têm dito que "você tem boas ideias; você deve falar mais", significa que veem algo em você, mas querem ver mais. Você precisa se posicionar e tornar-se visível. Isso irá ajudá-lo a ganhar confiança em si mesmo, bem como contribuir para a equipe e a organização.

Uma das coisas mais importantes que você pode fazer por si mesmo em seu processo de aprendizagem contínua é se conectar com outras pessoas, ganhando apoio e incentivo. Na verdade, sem esse apoio, você provavelmente voltará ao estado de complacência. Se você não tem um mentor ou treinador, procure um para trabalhar na elaboração do seu plano de aprendizagem e liderança. Você vai descobrir que ter outra pessoa engajada no seu sucesso é muito valioso.

Aqueles que contam com a ajuda de mentores sabem o valor que eles trazem para ajudar a construir a confiança. Às vezes essas pessoas experientes se oferecem voluntariamente para ser mentores, mas mais frequentemente você precisa pedir a sua ajuda. Você pode identificar as pessoas dentro de sua organização ou fora dela, as quais você acredita que tenham sabedoria e conhecimentos que seriam úteis para você. A experiência mostra que você pode ter vários mentores ao longo de sua carreira, com diferentes habilidades e experiência, dependendo de suas necessidades atuais.

Seu conselho de administração pessoal

Outra abordagem valiosa é construir seu conselho de administração pessoal — um grupo de pessoas com diversas formações e experiência para ajudá-lo em sua jornada de liderança. Seu mentor deve ser parte deste conselho. Escolha membros que sejam honestos e exatos no seu *feedback* e orientação. Este conselho pode incluir o seu cônjuge ou outra pessoa importante, um membro da família envolvido com seu sucesso, pares que você admira e valoriza, seu supervisor — qualquer amigo próximo ou sócio que você respeite e cujas ideias você considere sábias.

Não é necessário reunir-se com seu conselho como um grupo, mas seja claro sobre a razão pela qual solicitou o trabalho de cada pessoa. Que dons e talentos cada um tem a oferecer? Por que você quer que essas pessoas o ajudem e como elas podem fazer isso? Você pode querer algumas pessoas para lhe fornecer *feedback*, especialmente se estiverem perto o suficiente para observar você no seu trabalho. Você pode querer compartilhar suas metas de liderança e plano com esses membros, ajudando-os a ver o papel significativo que podem desempenhar. Isso pode significar responsabilizar você perante seus objetivos e horários, fornecendo orientações sobre como fazer as coisas certas, ou mostrando-lhe como lidar com uma situação de crise ou conversa difícil. Há infinitas razões para que você considere pedir orientação; pessoas engajadas em seu sucesso ficarão honradas em fazer parte do seu conselho de administração. Eles querem ajudá-lo e podem ser valiosos parceiros na sua jornada.

Quem são as pessoas que você gostaria de ter no seu conselho de administração? O que você vai dizer para convidá-las e engajá-las em sua jornada? Que habilidades, atitudes e conhecimentos você sente que elas poderiam oferecer? Certifique-se de partilhar com elas por que você valoriza suas opiniões e ideias. Informe-as a respeito da frequência com que gostaria de encontrá-las, certificando-se de manter sua palavra sobre reuniões e compromissos, para que você obtenha o melhor da sua equipe. Nossos líderes compartilharam suas experiências com o uso de um conselho pessoal de administração:

> Cal Archer comentou sobre quão valioso seu conselho de administração foi nos últimos cinco anos. Ele continua a usá-los para orientação e aconselhamento. Vários são membros da sua família — sua filha na faculdade, seu irmão fazendo pós-graduação, sua tia Em (mentora há vários anos) e uma filha que é professora. Carl vê que todos os membros são sinceros em suas percepções e comentários. Ele sabe como tocar regularmente em suas orientações e valoriza profundamente seus investimentos nele.

> Ken David compartilhou sua experiência: "Acho que a minha caixa de ressonância tem sido útil. Sinto prazer em notar que fui capaz de manter o grupo num tamanho gerenciável — meu mentor, meu pai, minha esposa e dois diretores importantes de minha organização que têm sido úteis na minha carreira e parecem engajados em me ver bem-sucedido. Tento encontrar cada um pelo menos uma vez por mês e mantê-los informados regularmente sobre meus progressos, buscando seus comentários e ocasionalmente solicitando ideias específicas sobre alguns dos meus projetos."

> Patsy Hall sente que seu conselho de administração é útil ao responder às suas necessidades — ela os utiliza como um grupo de mentores, pedindo seus conselhos e orientações sempre que sente que deveria ouvir outra opinião. Patsy diz que eles têm sido muito úteis em abrir as portas para ela, convidando-a para desafiadores projetos novos e garantindo que ela obtenha visibilidade na organização. "Acima de tudo, eu sei que posso contar com sua sabedoria, sua fé em mim, e eles me dão *feedback* e assistências precisos."

Criar um conselho de administração é uma ótima maneira de correr um risco em nome do seu próprio futuro. Geralmente, assumir um risco significa que você está inovando, indo aonde não esteve antes e perseguindo algo que vai lhe proporcionar aprendizado. Se você pretende ser um agente de mudança, você deve tentar coisas novas. Fazer as mesmas coisas só lhe trará os mesmos resultados de sempre. Então, como você se pode se tornar menos avesso ao risco? A resposta encontra-se em avaliar quais são os riscos. Geralmente, quando você tem confiança, um plano para si mesmo e sabe aonde está indo, a noção de correr riscos se torna comum. Correr riscos é a maneira como você decidiu tomar conta da sua vida e fazer as coisas acontecerem.

Reflexões sobre o Capítulo 8

1. De que maneiras você está trabalhando para aprender, crescer e se esforçar para tornar-se o líder que quer ser?
2. Que tipo de apoio um conselho pessoal de administração poderia fornecer? Quem seriam seus candidatos?
3. O que você faz para ser reflexivo ou introspectivo? O que funciona melhor para manter o equilíbrio entre reflexão e ação?
4. Quais são algumas das lições que aprendeu sobre a mudança de liderança? Que impacto essas lições tiveram sobre sua abordagem?

PARTE

3

Fazendo a diferença

Algo precisa ser feito e é simplesmente patético que nós é que tenhamos que fazer.
— **Jerry Garcia**

Quase todas as pessoas que já conhecemos já quis fazer a diferença com sua vida. Quem não quis? Queremos que as coisas melhorem para nós mesmos, nossas famílias, nossas comunidades, nossas organizações, nossa sociedade e o nosso mundo. Cada um de nós pode ter uma abordagem diferente e um foco diferente, mas cada um quer participar. Todos sabemos que existe uma fonte infinita de problemas que precisam ser resolvidos, então não há nenhuma falta de material para trabalhar. Conforme discutiremos no último capítulo desta seção, os profissionais técnicos exercem um papel particularmente importante e especial por causa de sua perícia técnica, responsabilidade profissional e paixão interna para fazerem diferença.

Nesta seção, primeiramente analisamos o aspecto de "sermos a mudança que queremos ver no mundo" e, em seguida, permitimos que isso nos estimule a nos comprometermos a fazer a nossa parte através da aprendizagem de ação, construir nosso roteiro (garantindo ao mesmo tempo em que ficaremos equilibrados com reflexão e ação) e construir relações fortes e saudáveis.

CAPÍTULO 9

Seja a mudança que você quer ver

Mahatma Gandhi disse: "Você precisa ser a mudança que quer ver no mundo". Você não pode esperar que outra pessoa se responsabilize. Você precisa aceitar a responsabilidade de fazer acontecer. Será necessário ter iniciativa, coragem e esforço extra. Você pode fazer isso, e aqui está sua chance.

Comece com uma reflexão sobre a questão fundamental: "Qual é a mudança que você quer ver no mundo?". Há tantos problemas em nossa sociedade que é difícil identificar os mais importantes. Não espere por outra pessoa. Observe o que está acontecendo, busque soluções e, mais importante, comece a agir. O que você deve fazer?

> Eis que a hora se inclina e me vem tocar
> com pancada metálica e clara:
> tremem meus sentidos. Sinto poder agarrar
> o dia que plasticamente se declara.
>
> Nada era perfeito antes de eu o olhar,
> todo o devir se imobilizara.
> Ao meu olhar amadurecido se vem apresentar
> como noiva a coisa que desejara.
>
> — Rainer Maria Rilke

Imagine o que acontecerá se você agir e assumir o controle. Se você ousar tornar-se o que você quer ser e decidir o que você precisa fazer. Quando você começou sua jornada profissional, qual foi sua motivação? Você esperava resolver algum grande problema mundial? Você esperava ganhar um Prêmio Nobel? Houve alguma experiência que você teve quando era criança na escola ou com seus pais que estimulou o seu interesse em assuntos técnicos? Após sua formação técnica, quando você começou sua carreira profissional, você tinha um objetivo a longo prazo ou procurava determinados tipos de trabalhos ou de empresas? À medida que você amadureceu e ganhou experiência, você desenvolveu outros interesses? Nessas experiências estão a paixão e a finalidade que dão sentido à sua vida. Você sabe de maneira consciente qual é essa paixão?

Alguns dos líderes que entrevistamos tinham paixões fortes e bem desenvolvidas desde cedo e trabalharam para alcançar seus objetivos. A maioria não tinha. Suas paixões foram reveladas à medida que ganharam mais experiência. Qualquer que seja o seu caso, agora é o momento de refletir sobre esta questão.

Marsha Salter quer desafios e procura por eles. Ela se sente poderosa ao pedir novos desafios. Suas paixões são energia, conservação, fontes alternativas de força e produtos médicos. Ela gosta de sua empresa atual porque se encaixa bem com suas paixões e valores. A empresa é desafiadora, valoriza a pesquisa agressiva e investe em equipamentos progressivos. Marsha sente que este é um lugar onde pode aprender sobre novos materiais, novos processos e novas ferramentas.

Ela descobriu na sua experiência que a maioria das grandes empresas oferece estas coisas.

Corrine Anderson diz o seguinte ao aconselhar pessoas mais jovens que estão começando suas jornadas de liderança, "Entenda qual é sua paixão e como usá-la para conseguir o que você quer. Descubra o que o empolga, peça oportunidades para liderar e convide outras pessoas a acompanhá-lo no que realmente o empolga. Você as verá descobrindo suas paixões também".

No cerne da sua confiança e liderança emergentes, dentro da sua perspectiva de mundo, estão suas crenças e paixões. Quando você as encontrar e identificar, você terá encontrado sua verdadeira personalidade. Conforme mencionamos anteriormente, uma forma de identificar a sua paixão é pensar num assunto sobre o qual você sempre se importa — algo que faz você perder a noção do tempo quando o está estudando ou fazendo.

"Somos chamados ao lugar onde nossa profunda alegria encontra a fome profunda do mundo."

— Frederick Buechner (1993)

Combinar suas habilidades com suas paixões fará com que você realize seus sonhos. Quais eventos do passado o intrigaram, especialmente em relação ao que as outras pessoas disseram sobre você ou seu potencial? Pare aqui. Largue o livro. Encontre um lugar tranquilo, sem interrupções. Pense nisso por 15 minutos e anote. Você terá um bom começo ao acordar e ver o que há dentro de você.

Bem-vindo de volta. Agora, veja os depoimentos a seguir. Eles podem ajudá-lo a compreender como as outras pessoas identificaram suas paixões e procuraram maneiras de fazer diferença com suas vidas.

Monica Rogers adora aprender e quer fazer a diferença para si mesma e para outras pessoas. Ela organizou de forma deliberada e intencional uma ampla rede de pessoas consideradas líderes em suas áreas, as quais constantemente compartilham novos conhecimentos, novas tecnologias e novas tendências em suas áreas. Monica se esforça para criar novos processos e procedimentos sustentáveis e fornecer consultoria em gestão de risco. Ela procura refletir para se tornar mais consciente dos seus pontos fortes e suas capacidades, de forma a conhecer suas limitações, e depois se fortalece com aprendizagem constante.

Paralelo à paixão está o compromisso — a capacidade consciente de colocar suas próprias necessidades em segundo lugar para servir primeiro a um propósito, a uma ideia ou a outra pessoa. Exemplos óbvios incluem pessoas comuns correndo riscos para ajudar outras, mas as circunstâncias e suas ações não precisam ser dramáticas. Aqui estão algumas outras narrativas de compromisso:

Ray Adams considera que um princípio muito importante no seu trabalho é realmente saber que o papel central de um líder é estar a serviço do seu povo. Ele diz, "É preciso tratar as pessoas em todos os níveis com respeito pelo seu trabalho, ouvi-las para entender, ser justo e dar sequência aos seus compromissos com elas, ajudando-as a entender a visão ampla".

Joe Monahan, gerente de projeto numa empresa de alta tecnologia, constantemente se pergunta o que pode fazer para liderar suas equipes de maneira mais eficaz. Ele sente que a gestão de pessoas é a chave para uma produtividade elevada e grandes resultados. Define expectativas elevadas para suas equipes, trabalha para estabelecer confiança e passa várias horas de orientação a cada mês com cada um dos seus funcionários para ajudá-los a melhorar suas habilidades e seu desenvolvimento pessoal. Ele os desafia a fazerem coisas que os deixarão orgulhosos retrospectivamente. Joe acredita nos seus funcionários.

Tornando-se um líder autêntico

Liderança tem a ver com servir aos outros. Trata-se de servir a uma causa importante para você e sua organização — com foco num objetivo, não nos concorrentes ou nos obstáculos.

Em *True North* (2007), Bill George diz: "para nos tornarmos líderes autênticos, temos que descartar o mito de que liderança significa ter legiões de adeptos seguindo nossa orientação à medida que chegamos ao auge do poder. Só então podemos perceber que liderança autêntica é delegar outras pessoas em suas jornadas."

Uma mudança transformadora ocorre quando estamos realmente fazendo uma diferença. É uma mudança de "eu" para "nós". Essa é a única forma de desencadear o poder de todos os membros da organização, permitindo que eles também "façam a diferença". Se subordinados estiverem simplesmente seguindo nossa liderança, seus esforços serão limitados porque será nossa visão, não a deles. Um líder eficaz inscreve seguidores na criação de uma visão e de uma direção compartilhadas e, assim, constrói o "nós" por toda a organização — todos motivados por uma visão e alinhados com ela.

A função da liderança é construir uma organização que apoie o objetivo final e saber por que isso é importante. Como o ex-presidente da Academia Nacional de Engenharia, William Wulf, observou no seu discurso de 2006, na Universidade de St. Thomas, a criatividade é um processo de combinar duas ideias que não foram relacionadas antes. Como cada pessoa tem uma perspectiva e experiências diferentes, quanto mais diversificado for o grupo, mais diversas serão as ideias e mais criativo será o grupo. A diversidade é valiosa em qualquer aspecto, seja de cultura, idade, origem geográfica, sexo, educação ou experiência de trabalho. Inovação é o processo de permitir que a criatividade floresça. Muitas opiniões diferentes ocorrerão dentro de um grupo tão diverso. O trabalho do líder é manter o foco no objetivo.

No Capítulo 2, examinamos o modelo de criação de valor. Incentivar um grupo diversificado de pessoas a ser inovador requer um ambiente e uma cultura abertos e promove a criatividade. O líder deve criar essa cultura. O mesmo esforço de construção da cultura também pode ocorrer dentro de pequenos grupos de trabalho. Grandes coisas ocorrem pelo exemplo e podem levar a organização a mudar como um todo. Lembre-se do exemplo de Bobby Bridges numa fábrica de montagem de caminhão e sua influência em toda a organização internacional, no Capítulo 2.

Se nós seremos a mudança que queremos ver, precisamos reconhecer nossas próprias crenças limitantes autoinfligidas, mudando hábitos inúteis para nós ou para os outros e reconhecendo nosso senso de poder pessoal.

Você entende e se apropria do seu poder pessoal? O que significa ter poder pessoal e como você o reconhece? O poder pessoal é mais importante e mais eficaz do que o poder pelo cargo, mesmo se você tiver um cargo com muitos subordinados. É a crença e a confiança que os outros têm em você e na sua liderança que os fazem segui-lo. Existem infinitas narrativas de pessoas com poder pelo cargo que não foram líderes eficazes ou bons.

O modelo de poder pessoal de Hagberg

Janet O. Hagberg (2002) define poder pessoal como uma combinação do poder externo (uma capacidade de agir) com o poder interno (uma capacidade de refletir). Seu modelo de poder pessoal distingue seis estágios de poder pessoal e liderança em organizações, conforme mostram a Tabela 9.1 e a Figura 9.1.

Neste modelo, os líderes em cada etapa desenvolvem seguidores que são ou querem ser como eles. A qualidade de cada pessoa é mais importante na determinação de liderança do que seu cargo ou status. Um verdadeiro líder, de acordo com Hagberg, já experimentou uma crise de integridade e alcançou a Etapa 4 ou superior. No entanto, geralmente essas pessoas não buscam cargos de poder para benefício próprio e podem até se esquivar deles.

Tabela 9.1 Modelo de poder pessoal de Hagberg

	Etapa	Características	Lidera por	Gerencia por	Motivado por	Necessidades do Gerente
Voltado para Fora	1. Falta de Poder	Poder procurado e obtido principalmente fora da pessoa, por títulos, cargos ou outros símbolos ou status				
		Seguro e dependente, com autoestima baixa, desinformado, impotente, mas não sem esperança	Dominação, força	Impulsionando, força	Medo	Apoio, direção
	2. Poder por Associação	Aprendiz, aprendendo a cultura, dependente do supervisor/líder, novo conhecimento próprio	Mantendo-se fiel a regras	Manobrando, alcançando	Aprendizagem	Segurança, liberdade para explorar
	3. Poder por Realização	Ego maduro, realista e competitivo, especializado, ambicioso	Carisma, persuasão pessoal	Monitorando resultados	Sinais visíveis de sucesso	*Feedback*, desafio, perguntas
		Poder procurado e obtido a partir da jornada interna da pessoa				
	4. Poder por Reflexão	Reflexivo, confuso, competente na colaboração, forte, confortável com o estilo pessoal, hábil como mentor, mostrando verdadeira liderança	Modelando integridade, gerando confiança	Processo de mentor ou orientação	Exploração interna	Tempo, espaço
Voltado para Dentro	A Parede	Indo além do seu intelecto, abrindo mão do controle, envolvendo sua sombra, indo até o seu âmago, achando intimidade com seu poder superior, vislumbrando sabedoria				
	5. Poder por Finalidade	Aceitação própria, coragem, calma, consciência da organização, humildade, místico prático, qualidades ilusórias, generoso em superar os outros, confiante na vocação da vida	Autorizando os outros, serviço aos outros (servidor-liderança)	Agindo como catalisador	Vivendo sua vocação	Proteção
	6. Poder pela Sabedoria	Integrando a sombra, sem medo da morte, indefeso, silencioso em serviço, consciência na comunidade/no mundo, compaixão pelo mundo	Sabedoria, uma forma de ser	Reflexão	Sacrifício próprio	Nada

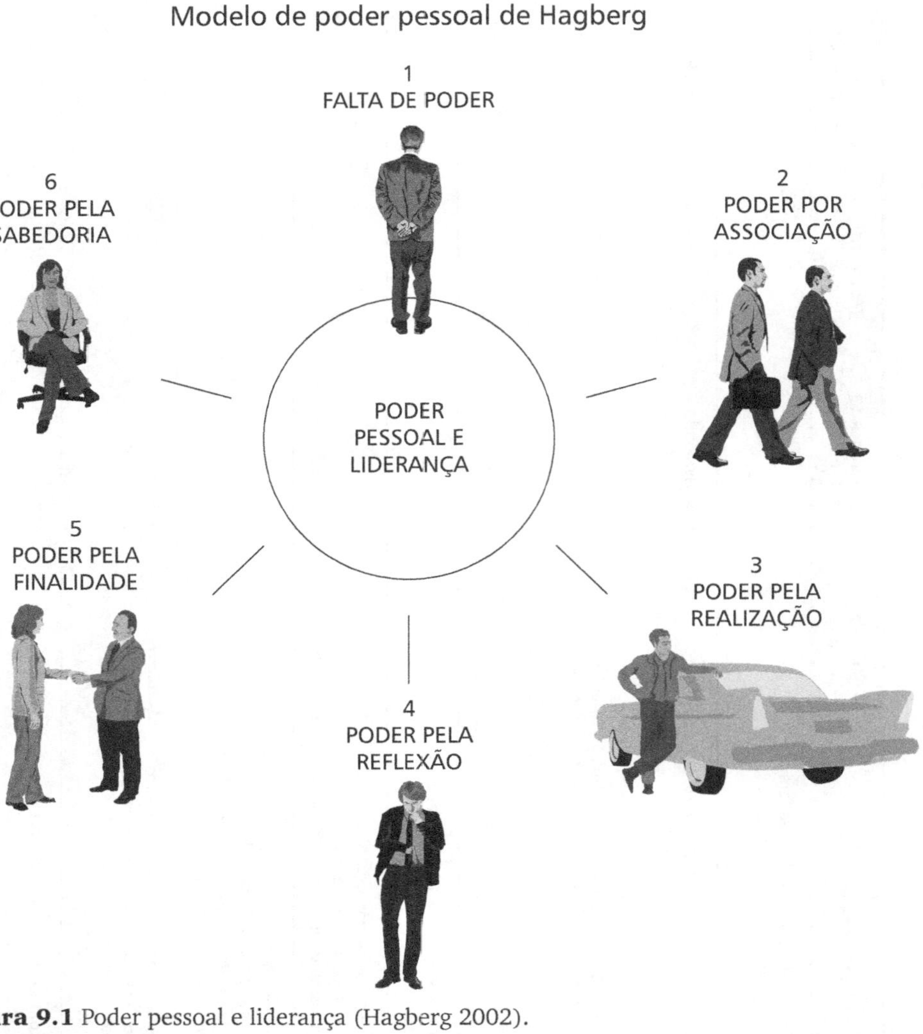

Modelo de poder pessoal de Hagberg

1 FALTA DE PODER

2 PODER POR ASSOCIAÇÃO

3 PODER PELA REALIZAÇÃO

4 PODER PELA REFLEXÃO

5 PODER PELA FINALIDADE

6 PODER PELA SABEDORIA

PODER PESSOAL E LIDERANÇA

Figura 9.1 Poder pessoal e liderança (Hagberg 2002).
Fonte: Reproduzido com permissão do editor. De Real Power: Stages of Personal Power in Organizations, by Janet Hagberg. Publicado pela Sheffield Publishing.

As seguintes suposições enfatizam o modelo de Hagberg:

- Os estágios do poder pessoal são organizados numa ordem de desenvolvimento.
- Cada estágio é diferente de todos os outros.
- As pessoas podem estar em diferentes estágios de poder em áreas diferentes de suas vidas, em momentos diferentes e com pessoas diferentes. No entanto, cada pessoa tem uma etapa principal representativa.
- As pessoas só podem se mover pelos estágios principais na ordem de 1 a 6.

- O poder é descrito e manifestado de maneira diferente em cada etapa.
- Cada etapa contém dimensões positivas e negativas, bem como dificuldades de desenvolvimento.
- As mulheres têm maior probabilidade de se identificarem com determinadas etapas e os homens com outras.
- As pessoas não avançam necessariamente para novas etapas simplesmente por idade ou experiência, apesar das duas coisas serem fatores.
- As etapas de poder mais voltadas para fora e para a organização (1-3) mostram um nítido contraste com as etapas de poder voltadas para dentro (4-6).
- O desenvolvimento e, em seguida, a liberação do ego são tarefas centrais inerentes dentro deste modelo. Rituais culturais são necessários para fazer isso com sucesso.

Carol Jacobs explica como, no início de sua carreira, ela foi colocada em um cargo de gestão de "elevado crescimento" e estava numa mesa redonda de supervisão, mas não sentia que seria eficaz gerenciando pessoas. Ela adorava ser uma técnica. Diz que o lado técnico também tem uma progressão, mas é mais desafiador. Ela reconhecia que o lado de gestão tinha benefícios de renda e de título, mas status não lhe importava. Estava mais interessada na satisfação no trabalho e abriria mão de um emprego de diretora técnica. Carol se conhece e adora "se especializar em ser uma generalista". Sua influência sobre os resultados é alta. Ela acredita que você não precisa ser gerente para ser eficaz. Você também não precisa saber tudo ou ser especialista. Você só precisa saber quem procurar. Ela adora ser a pessoa "a ser procurada" e, dessa forma, exerce seu poder pessoal.

Num ambiente de equipe altamente matricial, gerentes e diretores de projeto raramente têm muitos subordinados diretos, porém são responsáveis por finalizar os projetos. Com tão pouco poder de cargo, eles precisam contar com habilidades pessoais de poder e influência. Sua capacidade de construir a confiança e se comunicar é a chave para seu sucesso.

Mac Casey é um gerente de projeto numa empresa da Fortune 50, na qual não tem nenhuma autoridade clara sobre as muitas pessoas sob sua influência. Ele gerencia fornecedores, fabricantes de equipamento original (OEMs) no setor automotivo e equipes de projeto através de influência. É um comunicador capaz com bom relacionamento interpessoal e consegue servir de exemplo fazendo as coisas certas, solicitando a participação dos outros e fazendo com que suas equipes sintam orgulho nas suas realizações. Ele sabe claramente como usar seu poder pessoal para fazer as coisas acontecerem e ajudar os outros a sentir que contribuem de maneiras significativas.

Quando perguntavam a Dan Jansen como ele cumpria as coisas, ele mencionava que as pessoas gostavam dele e o respeitavam porque ele as incluía nas decisões e as mantinha informadas. Dizia, "quando ando pelos corredores, as pessoas me reconhecem imediatamente e sempre cumprimentam. Isso não acontece com os executivos por aqui... Os empregados os ignoram totalmente". Esse é um exemplo perfeito de incorporação do poder pessoal.

Atualmente, a maior parte do trabalho é feito em equipes, muitas delas multifuncionais com múltiplas disciplinas, grupos de discurso e estilos sociais. Como líder de equipe, você é responsável por mantê-la focada na tarefa enquanto guia suas competências, habilidades e criatividade para alcançar um objetivo dentro do prazo.

Pense na liderança como um serviço. Como líder, sua função é ajudar a equipe, mesmo quando você precisar usar a influência para ter sucesso. Você fornece recursos e elimina barreiras. Seu trabalho mais importante é desenvolver relacionamentos com membros da equipe e construir a confiança. Em segundo lugar, próximo do primeiro, está fazer o mesmo com as partes interessadas. Tratar todo mundo como cliente é uma perspectiva útil.

Você está pensando de maneira criativa sobre o futuro que você imagina? Algumas pessoas preferem trabalhar dentro das estruturas atuais, enquanto outras buscam constantemente formas não convencionais para atingir seus objetivos. Gerentes podem adotar qualquer uma das abordagens, mas os líderes devem fazer mudanças. Até mesmo melhorar o desempenho de um processo existente requer que as coisas sejam feitas de maneira diferente.

Siga o conselho de Bea Ellison: faça o inusitado e surpreenda as pessoas com os resultados. Pode não parecer muito para você, mas, como disse um dos nossos colegas, "alterar a cor da tinta nas paredes é radical por aqui".

Orrin Matthews é líder numa grande empresa de dispositivos médicos, onde está se tornando conhecido como o especialista de conhecimento no Programa de Gestão de Projeto (PM). Ele é codiretor do Fórum de Gestão de Projeto, cuja estratégia é influenciar a educação e o conhecimento sobre a PM. Tanto neste ambiente quanto no seu ambiente interno, ele está constantemente desafiando outras pessoas ao demonstrar pensamento criativo. Ele vê o ritmo alucinado de trabalho e de mudança em todo seu redor e adora ajudar os outros a encontrar novas maneiras de melhorar sua produtividade, inventar novos processos que reduzem o tempo do ciclo de desenvolvimento e economizam o tempo de todos. Ele mesmo tem muita energia, ritmo acelerado e está ansioso para trazer sua criatividade ao centro das questões.

Quando você está pensando de forma criativa, que tipos de ideias surgem? A maioria dos profissionais técnicos entende que o cerne de qualquer nova ideia é um fracasso. Engenheiros sabem que quase qualquer coisa pode ser feita de maneira melhor. Qualquer problema não resolvido é uma oportunidade para tentar algo diferente.

Quando você concluir um projeto, liste o que foi bem e o que não foi. Na segunda lista estão as sementes de novas ideias. O que poderia ser feito de forma diferente, para evitar problemas no futuro?

> Dan Jansen trabalhava numa grande empresa de defesa como engenheiro de manufatura em dois grandes programas de aeronaves militares. Quando viu que os prazos de execução e a produtividade no programa A1 não eram bons, reuniu alguns colegas. Usando ferramentas de aprendizagem do seu programa de pós-graduação, ele propôs mudar a maneira pela qual o programa A2 deveria ser executado. Recomendou "lojas do tipo ponto de uso" perto da produção, métodos de puxar *versus* empurrar, identificação de não conformidades no local e o uso de métodos modernos de manufatura. Ele não pediu permissão. Era simplesmente a coisa certa a fazer. Vendeu a abordagem para aqueles que não conheciam esses métodos. Como as tinha analisado bem, seus colegas viram os méritos e se juntaram a ele. Melhorias drásticas ocorreram a seguir. Foram necessários 180 dias para finalizar os seis primeiros produtos. Um ano depois, eles estavam produzindo um por dia.

À medida que você identificar novas ideias pelas quais você se interesse, faça várias perguntas a você mesmo: Qual é a ideia? Qual problema ela resolve? Por que é importante? Como é que a solução agregaria valor? Quando você falar com as outras pessoas, se alguém disser, "Isso não pode ser feito" ou "Nós tentamos isso há 10 anos e não deu certo", não desista. Alguma coisa mudou que faria isso funcionar agora, ou isso poderia ser modificado para funcionar? À medida que você explorar a ideia, determine quais habilidades adicionais você precisa que outras pessoas tenham para fazer isso funcionar e identifique quem pode ajudá-lo. Mentores podem ser muito úteis aqui.

Como um exercício, pense em você mesmo como uma bicicleta. O sistema de direção e a roda traseira fornecem a energia; a roda dianteira o guia na direção que você quer ir. Sua roda traseira é sua habilidade técnica — cuidadosamente usinada, bem conservada e em excelente condição de trabalho (veja a Figura 9.2). Porém, sem

Figura 9.2 Modelo bicicleta de liderança.

direção, esse poder não vai o levar a lugar algum. Você precisa de uma roda dianteira para controlar sua direção. Isso significa elementos do lado direito do cérebro, tais como reflexão, habilidades de liderança, habilidades de comunicação, coragem, iniciativa, criatividade e inovação. Essas habilidades completam sua bicicleta e o manterão no caminho certo. Durante o desenvolvimento de suas habilidades técnicas, as habilidades necessárias para a roda dianteira podem ter sido negligenciadas. Você pode corrigir isso.

Qual mudança você quer ver? Qual é a sua visão para o futuro? Qual é o rumo do seu plano a longo prazo? Como você pode desenvolver suas experiências e as relações que você estabeleceu? Quando você responder a essas perguntas, estará preparado para criar seu roteiro.

Ao longo de toda a história, todas as mudanças vieram da força de uma ideia, geralmente através de uma pessoa que é apaixonada por ela, torna-se seu defensor e a busca de maneira persistente. Muitas vezes pensamos em grandes mudanças, mas, na verdade, estas são compostas de muitas mudanças menores. Não importa o escopo ou o tamanho da mudança, ainda é necessário haver um líder. Pela sua paixão, esse líder é você.

As necessidades do mundo estão à sua porta — questões como energia, o meio ambiente, água potável, atendimento à saúde, terrorismo — a lista continua. O que você pode fazer sobre essas questões? Talvez você ache que não possa fazer muita coisa, ou que outra pessoa cuidará disso. Mas você sabe que elas são muito importantes para serem deixadas ao acaso.

Essas são questões muito pessoais. Por exemplo, pense na energia. Como isso afeta você, sua família e sua comunidade? O que você pode fazer sobre a questão em nível local? Onde entram suas habilidades e quais habilidades são importantes e relevantes? Se você puder fazer algo na sua família ou na sua comunidade, o que mais você pode fazer no seu trabalho?

No cerne da solução para essas questões está a tecnologia. Ninguém conhece mais sobre tecnologia do que profissionais técnicos. Então quem deve liderar o ataque para a solução delas? Você.

Um dos temas principais deste livro é o despertar para a liderança. Despertar significa reconhecer os sinais ao redor nos chamando para a liderança. Quais necessidades não realizadas você consegue ver? Em cada necessidade não realizada está uma chamada para despertar, um chamado para você assumir um papel de liderança.

Às vezes esses chamados ocorrem como inspirações repentinas. Em apenas um momento, você reconhece a necessidade *e* a sua capacidade de fazer algo sobre isso. Também podem existir realizações graduais. Você já passou muito tempo pensando em algo, depois acordou à noite com uma nova revelação sobre o assunto? Esta é sua chance de ser a mudança que você quer ver no mundo.

Reflexões sobre o Capítulo 9

1. Qual você imagina que seja o seu papel nas mudanças que você quer ver no mundo?
2. Pense em como você exerce o poder pessoal. Quais são alguns exemplos de como você influencia os outros?
3. Liste alguns exemplos de pensamento criativo no seu local de trabalho. Como isso é incentivado? Quando você é impulsionado a tentar novas abordagens?
4. Sobre qual "próxima grande ideia" você está empolgado? Como você vai buscar realizá-la?
5. Qual é o primeiro pequeno passo que você pode dar para fazer a diferença?

CAPÍTULO

10

Aprendizagem pela ação

Nós já discutimos a importância fundamental da aprendizagem contínua como peça no desenvolvimento da sua capacidade de liderança. Neste capítulo, observamos alguns métodos que podem manter sua aprendizagem ativa e fazer diferença na maneira como você contribui.

Aprendizagem pela ação é aprender com a experiência derivada de problemas reais em sua organização, sua comunidade ou sua sociedade. As narrativas de líderes emergentes no Capítulo 9 são exemplos de aprendizagem pela ação.

Imagine que você seja um físico pesquisador. Quando anos de um esforço árduo parecem prestes a dar frutos, você se depara com um problema insanável. Você está cercado por outros cientistas, todos especialistas — mas nenhum na sua área. Isso impede que você procure a ajuda deles? Não se você quiser resolver o problema. Você o compartilha com eles e descobre se podem ajudá-lo ou não.

Na década de 1930, um jovem chamado Reg Revans estava trabalhando exatamente com um grupo forte assim na Universidade de Cambridge. Quando enfrentavam problemas difíceis de pesquisa, eles se sentavam juntos e faziam várias perguntas uns aos outros. Nenhuma pessoa individualmente era considerada mais importante do que outra, e todas tinham contribuições a dar, mesmo quando não eram especialistas em determinada área. Dessa forma, elaboravam soluções viáveis para seus próprios problemas e para os dos outros.

Revans ficou tão envolvido com essa técnica que, quando fomos trabalhar no Conselho do Carvão, ele a introduziu lá. Quando gerentes de minas tinham problemas, ele os estimulava a se reunirem em pequenos grupos no local e a fazerem perguntas uns aos outros sobre o que enxergam para encontrarem suas próprias soluções, em vez de trazer "especialistas" para resolverem seus problemas. A técnica provou ser tão bem-sucedida que os gerentes escreveram seu próprio manual sobre como administrar uma mina de carvão.

Foi assim que nasceu a aprendizagem pela ação, mas demorou um pouco até que Reg Revans, agora professor Revans, apresentasse a teoria que hoje é a pedra angular de vários programas de desenvolvimento de liderança. Hoje ela é usada amplamente por organizações de todos os tamanhos, setores e localizações. Tanto organizações privadas quanto públicas têm obtido um sucesso surpreendente usando a aprendizagem pela ação.

A metodologia segue uma equação específica: $L = P + Q$. O L representa *a aprendizagem*; o P representa *conhecimento programado* e o Q representa *o foco em questões*. Ao se concentrar nas perguntas certas, em vez de nas respostas certas, a aprendizagem pela ação enfatiza *o que você não sabe* em vez do que você sabe. A ação de aprendizagem lida com problemas para os quais não existem respostas fáceis, mas pode resultar em várias soluções possíveis. Para que ocorra aprendizagem, você precisa fazer mais do que apenas tentar resolver seus problemas de maneira eficaz. Você precisa refletir sobre a experiência para identificar exatamente o que aprendeu, internalizar as lições e elaborar planos de ação, para que possa tomar uma ação eficaz no futuro.

A aprendizagem pela ação é uma metodologia específica que se concentra na ação e na reflexão e é adequada para a maioria dos líderes emergentes por ajudá-los a resolver problemas no local de trabalho e a aprender com a experiência. Esses líderes então analisam e interpretam suas experiências para identificarem o que aprenderam. Segue o conhecido ciclo de aprendizagem experimental:

Ação → Reflexão → Planejamento → Ação

O processo tem quatro características básicas:

1. Problemas nos quais trabalhar;
2. Uma equipe de ação de "colegas na adversidade";
3. Um líder/*coach* da equipe para facilitar o processo de aprendizagem;
4. Um patrocinador que seja o dono do problema, da questão ou da tarefa.

O patrocinador pode ser o supervisor do líder, mas é mais importante que o patrocinador queira resultados e precise deles.

Estudantes de pós-graduação na Universidade de St. Thomas usaram essa metodologia. Eles precisavam identificar um projeto de aprendizagem pela ação em suas próprias organizações que poderiam virar oportunidades para que se tornassem mais visíveis, enfrentassem problemas significativos e liderassem uma equipe de ação para obter resultados. Isso era familiar para alguns que tinham participado de equipes de "projetos de ponta", outras equipes de ação ou esforços da equipe de qualidade. Para outros, era mais difícil. Aqui estão algumas das suas experiências:

> O objetivo do projeto de aprendizagem pela ação de Lincoln Canning numa pequena empresa de engenharia era definir diretrizes de segurança para proteger alguns equipamentos. Quando sua empresa adquiriu a linha de produtos de outra empresa, notou um problema recorrente com o projeto em relação aos padrões estabelecidos pela OSHA (Occupational Safety and Health Administration), o que levaria a custos excessivos. Seu objetivo era definir uma metodologia de segurança aplicável aos equipamentos da empresa. Sua equipe tinha ele próprio como líder, o supervisor de montagem, um representante do Comitê de Segurança da empresa e um gerente da área de revestimento. O patrocinador era seu gerente imediato. Ele conseguiu atingir objetivos do projeto dentro dos prazos desejados. Seu principal aprendizado no processo foi sobre a importância das habilidades de comunicação

em uma equipe multidisciplinar e quanto o processo de amplo questionamento era eficaz. Por causa do seu sucesso, ele rapidamente passou a outro projeto de aprendizagem pela ação — atualizar o processo de revisão do projeto mecânico da empresa, que precisava gravemente de revisão.

O projeto de aprendizagem pela ação de Bill Bonson numa grande empresa de dispositivos médicos envolveu 22 membros de uma equipe multidisciplinar trabalhando juntos para implementar um processo melhorado de inclinação de cateter. O projeto envolveu uma proposta de US$ 1,3 milhão para a aquisição de equipamentos melhores. Após seis meses de trabalho e muitas reuniões, Bill disse que aprendeu lições valiosas sobre como navegar pela política organizacional, perseverando diante de reveses e ouvindo aqueles em que confia. "Todos os membros da equipe aprenderam com a experiência, especialmente como tratar uns aos outros com respeito". Três meses após a conclusão do projeto, Bill foi promovido a gerente de projetos.

O projeto de aprendizagem pela ação de Barbara Johnson se concentrou no desenvolvimento e na implementação de um programa de tutoria de pares que começou como um processo de todo o departamento e acabou incluindo toda a organização numa grande empresa de dispositivos médicos. Ainda que esse projeto estivesse além do escopo das suas responsabilidades de engenheira, ela sentiu, como membro do Comitê de Satisfação do Empregado, que se tratava de uma questão importante, com potencial para beneficiar muitas outras pessoas — especialmente as mulheres em cargos técnicos. Ela liderou ativamente uma equipe multidisciplinar para conceber e implementar um processo que é reconhecido como sendo muito útil. Ela mesma é uma tutora ativa de colegas e um modelo para os outros. O projeto a ajudou a confiar nas suas habilidades de fazer as coisas acontecerem, usando o seu senso aguçado de como juntar as pessoas para moldar um processo com alto valor. Sentiu que cresceu na sua competência como um líder e foi promovida dentro do próprio departamento.

O objetivo do projeto de Sam Sorenson num grande fabricante de veículos de passeio era tornar a difusão da cultura em sua empresa menos misteriosa para novos colaboradores em seu departamento. Em resumo, ele queria capacitar novos funcionários a aprenderem mais rapidamente. Sentiu que isso beneficiaria todos os novos funcionários e o seu próprio departamento. Ele reuniu um grupo de engenheiros contratado nos últimos anos juntamente com vários gerentes de novos funcionários. Seu resultado final incluía identificar um navegador para servir como mentor/treinador para cada novo funcionário. Projetou-se o treinamento de orientação e o programa foi reproduzido em outros departamentos. Sua aprendizagem está relacionada à sua atitude: "Quando você vir um problema, tome a iniciativa".

Correndo riscos e buscando apoio

Cada um desses projetos envolve coragem: correr riscos, buscar apoio e vislumbrar possibilidades. Quando questionados sobre como cada um desenvolveu a coragem para agir, eles responderam de diferentes maneiras. Alguns eram simplesmente corajosos por natureza.

Outros eram quietos e precisavam desenvolver confiança. Alguns foram colocados em situações em que efetivamente não tinham escolha. Não existe resposta absoluta. Depende de onde você estiver na sua jornada de liderança, o ambiente em que estiver, os pontos fortes que tiver que construir e as novas experiências que pedirem sua liderança.

Alguns escolhem começar seus projetos de aprendizagem pela ação pelo seu próprio grupo de trabalho, enquanto outros preferem começar em organizações voluntárias. Qualquer que seja a sua escolha, tome coragem e comece. Você provavelmente descobrirá que tem muito a ganhar.

Embora a mudança possa ser arriscada, a falta de mudança é ainda mais arriscada. Organizações bem-sucedidas percebem que a mudança é constante. Os líderes precisam estar cientes do que está acontecendo tanto internamente quanto externamente e estar preparados para agir rapidamente. Suas organizações precisam ser ágeis, com ritmo acelerado e estar prontas para uma mudança rápida. Aqueles que não conseguirem reagir a tempo poderão ficar para trás mais tarde.

Durante entrevistas, pedimos a ex-alunos que, com base em suas experiências, fizessem recomendações aos mais jovens. Relevantes para você também, os conselhos deles serão explorados em detalhes no Capítulo 14. A seguir apresentamos um resumo para ajudar a guiar seu plano de desenvolvimento:

- Conheça sua paixão, seu desejo individual.
- Acredite em si mesmo e nas suas ideias.
- Você não precisa saber tudo, apenas como aprender.
- Entender suas fraquezas ajuda a entender os outros.
- Participe de experiências que mudarão a sua mentalidade.
- Abandone pensamentos do tipo tudo ou nada. Tenha empatia e ouça ativamente.
- Aplique o que aprender sobre si mesmo.
- Torne-se um líder em forma de T, com uma visão geral ampla e generalista.
- Entenda os pontos fortes de – e as melhores funções para – cada membro da sua equipe.
- Torne-se bom na criação de uma rede.

- Passe a conhecer diferentes estilos sociais.
- Encontre uma organização sem fins lucrativos que precise da sua liderança.
- Descubra o que você quer liderar, o que o empolga.
- Encontre um mentor.
- Não substitua o julgamento saudável por uma análise "fria".
- Caminhe com a cabeça erguida. Busque oportunidades.
- Seja respeitoso com as outras pessoas, independentemente do cargo ou da hierarquia delas.
- Faça a coisa certa. Aja de acordo com a ética básica.
- Defenda os outros.
- Aplique suas habilidades num departamento diferente.

Como autores, conhecemos vários empreendedores, e cada um deles começou com uma boa ideia. Todos dizem que, quando começaram a desenvolver suas ideias, não sabiam de todos os problemas que enfrentariam, mas cada um deles ultrapassou barreiras e obteve sucesso. Quando você inicia sua jornada de liderança, não é possível saber o que virá pela frente, mas pode confiar numa coisa: você aprenderá e crescerá à medida que lutar pelo seu objetivo.

A experiência de aprendizagem será mais intensa do que qualquer coisa que você fez durante sua educação formal, uma vez que será impulsionada pela urgência. Não há tempo a perder ao enfrentar novos problemas, especialmente num ambiente competitivo, onde outra pessoa certamente já observou o mesmo problema e, sem dúvida, está buscando soluções. Considere a abordagem preocupante do *just-in-time*, que John Young usou como modelo para a aprendizagem pela ação.

Assim como todos os empreendedores, você o único dono da sua própria carreira. Você precisa se responsabilizar por aquela jornada, buscando toda a aprendizagem e crescimento que você puder para ter sucesso. Ninguém mais fará ou poderá fazer isso.

Como um jovem engenheiro, eu pensei que alguém viria a mim e me pediria para assumir um desafio. Ficava sentado calmamente na minha mesa, observando as coisas acontecerem ao meu redor, mas ninguém nunca me pediu para ajudar. Isso nunca aconteceu. Eu gostava de agir e me entediava facilmente. Foi o tédio, mais do que qualquer outra coisa, que me incentivou a me envolver. Qualquer que seja o fator impulsionador, você não pode esperar alguém pedir sua ajuda. Você precisa tomar a iniciativa e pedir responsabilidade ou "capacidade de resposta". Você deve colocar-se numa posição desconfortável e se tornar visível.

—Autor RJB

Corrine Anderson lembra que não reconhecia a necessidade de falar sobre seus interesses de carreira quando era uma jovem engenheira. No entanto, a empresa esperava que as pessoas falassem sobre suas aspirações profissionais. Ela aproveitou a oportunidade quando foi promovida a diretora. Fez-se visível e agora está num ambiente onde os tomadores de decisões podem vê-la regularmente. Ela disse, "uma pessoa pode liderar em qualquer nível e ter influência... Você pode alcançar um papel de liderança em níveis mais altos, mas você precisa desenvolver confiança em si mesmo". Ela recomenda que todos se manifestem e peçam funções de responsabilidade. Ficar sentado e esperar que isso aconteça não funciona.

Nosso crescimento e nossa aprendizagem como líderes raramente são suaves ou lineares. Para muitos, trata-se de uma série de surtos, muitas vezes impulsionados por fatores aparentemente aleatórios. Você pode estar disponível para liderar um projeto quando sua empresa obtiver um contrato novo, ou sua chefe pode ser promovida, deixando você encarregado de substituí-la, ou você poderá ser escolhido para servir numa equipe restrita para desenvolver um novo produto em ritmo recorde. Você poderá traçar todos os detalhes de sua carreira, mas ela costuma desviar para novas direções. De acordo com um dos nossos colegas, *nenhuma quantidade de planejamento cuidadoso consegue ganhar da pura sorte*. Essas situações singulares são oportunidades para assumir a liderança.

Pense em momentos cruciais na sua carreira — vezes em que lhe ofereceram mais oportunidade e responsabilidade ou vezes quando você observou uma situação que precisava ser abordada e você simplesmente assumiu o comando. Quais fatores causaram esses momentos cruciais e o que eles significam para você? Você sabe por que foi escolhido? Quais comportamentos eles estavam demonstrando? Por que as outras pessoas confiavam em você? Disseram para você ou você descobriu sozinho? Ou você ainda não sabe?

O exemplo no Capítulo 8 da capacidade de tomada de decisão dos alunos de pós-graduação no caso da aquisição da Emerson Electric/Skil Saw é profundo. Ele demonstra o ponto em que profissionais técnicos experientes e praticantes que se consideram comuns têm habilidades e juízo extraordinários. A maioria não tinha reconhecido que tinha essa capacidade e, se tivesse reconhecido, não admitiriam isso nem para si mesmos. Parte disso é modéstia.

Mais importante, eles próprios nunca se testaram. Não assumiram a liderança e comprometeram-se com grandes problemas. Não buscaram oportunidades para provarem seu valor, reconhecerem suas competências e construírem sua confiança. Tapearam a si mesmos. As narrativas neste livro são de profissionais técnicos que efetivamente agiram. Descobriram mais conhecimento e habilidade dentro deles do que achavam que tivessem. Mac Casey descreveu até mesmo sua experiência de liderança como sendo gratificante e eufórica.

Tomar uma posição significa manifestar-se em situações nas quais você não o fez antes. No entanto, há vezes em que você precisa ser ouvido. Conforme outras pessoas disseram, manifestar-se pode dar-lhe energia e confiança. A primeira vez é a mais difícil, mas ninguém mais pode falar em seu nome.

> Tim Torino, gerente de projetos, descobriu que era visto como indireto com as pessoas. Isso levava outras pessoas a desconfiarem dele e a se manterem afastadas. "Eu estava menosprezando o que achava que as outras pessoas valorizariam em mim e estava tentando projetar essa imagem", ele disse. Isso confundiu os outros. Ele descobriu que precisava começar a falar a sua verdade mais diretamente, compartilhar suas opiniões e ouvir as opiniões de outras pessoas mais atentamente. Essa honestidade levou a comentários, tanto positivos quanto negativos, sobre seu estilo e seus valores. Ele também tinha que se tornar mais vulnerável, admitindo erros e falhas de maneira mais imediata. Após três anos de trabalho duro sobre como estava afetava as outras pessoas, ele encontrou uma posição que parecia muito confortável e autêntico, não apenas para si mesmo, mas também para as pessoas ao seu redor.

> Gene Paul disse, "eu desenvolvi coragem diante de uma quantidade significativa de gestão de imagem que ocorre no escritório. Eu não tenho medo de contestar o *status quo*, quando todos à minha volta só estão dizendo sim. Manifesto como me sinto sobre alterações que afetam as outras pessoas, principalmente as menos afortunadas ao meu redor, ou seja, gerentes e funcionários mais jovens".

Aprendendo com os erros

Apesar do que algumas pessoas dizem, ninguém nunca consegue ter sucesso sozinho. Todos precisam de ajuda de outras pessoas. Mesmo que pudéssemos descobrir tudo sozinhos, esse seria um mau uso de tempo e esforço. Se o que você precisa já está disponível, por que passar pelo processo penoso e demorado de projetar e fazer as coisas sozinho?

O mesmo conceito se aplica à aprendizagem. Se você tiver acesso a pessoas que já têm uma experiência que você não tem, por que não pedir conselho a elas? Essa é a ideia por trás do mentor. E como uma pessoa como mentor também não pode saber tudo sobre todos os assuntos, um grupo de mentores com formações e experiências diferentes é ainda mais poderoso.

Todos nós temos, e muitas vezes esquecemos, outra fonte de conselhos e conhecimento quando mudamos de emprego ao longo de nossas carreiras: nossas redes de amigos e conhecidos. Quando enfrentamos desafios e novas situações, é provável que nossa rede possa ajudar. Carol Jacobs, conforme observamos no Capítulo 7, utilizou essa prática com sucesso ao longo de sua carreira.

Não importa há quanto tempo você está em uma carreira, você não pode saber tudo. Através de sua educação formal e experiência, você reconhece o que sabe. Por experiência, sabe também o que não sabe. Você nunca deve ter pensado sobre o que não sabe que não sabe, mas está lá — e é infinito.

Antigamente, as pessoas achavam que depois da escola elas não aprenderiam mais nada. Depois perceberam que isso era apenas o começo. É preciso seguir em frente, à procura de mais conhecimento e consciência. Assim como na atividade física, você nunca pode ficar num único lugar.

Além de engenheiro e líder, Ray Adams é um halterofilista. Ele acredita que na liderança, assim como no halterofilismo, não existe o conceito de manutenção. Ou você está melhorando ou está piorando.

Lembre-se da experiência do acampamento de verão das meninas da 6ª série no Capítulo 7. Apesar de o acampamento ser projetado para apresentar as meninas para a ciência, a engenharia e a manufatura, elas identificaram três outras coisas que gostaram no acampamento em comparação com a escola. Primeiro: elas podiam trabalhar em equipes. Segundo: podiam fracassar e então aprender a recuperar-se. E terceiro: elas sabiam *por que* estavam aprendendo determinados assuntos.

A questão do fracasso foi enfatizada durante a primeira semana do acampamento. As meninas construíram e pilotaram aviões a gasolina controlados por rádio. Muitos bateram. No dia seguinte, todas as 40 meninas fizeram uma análise do fracasso, identificando a natureza dos erros e suas possíveis causas. Foi provavelmente a melhor experiência de aprendizagem que poderíamos fornecer, bem como a mais eficaz para mostrar o que os profissionais técnicos fazem em seu trabalho.

A questão é: como você pode falhar sem causar um desastre? Há momentos num projeto em que o fracasso sai caro, como o primeiro voo de um avião de tamanho real. Mas, conforme observou um pesquisador da área de neurologia, a pesquisa está totalmente relacionada com fracassos. Quando você está tentando coisas novas, está procurando novas descobertas; erros são comuns. A chave é se você opta por aprender com eles e mudar sua abordagem ou não.

A vantagem de já ter errado é que isso o ensina a reconhecer situações semelhantes no futuro. Pense sobre seus próprios erros. O que você aprendeu com eles? A história de Dan Jansen e o projeto de ventos cruzados no Capítulo 7 é um exemplo excelente de aprender com o erro.

Errar faz de você uma pessoa ruim? Muitos executivos de empresas bem-sucedidas incentivam a inovação e, quando ocorre algum erro, pedem duas coisas: primeiro, que a pessoa que errar notifique os outros imediatamente e, em segundo lugar, que a pessoa não cometa o mesmo erro novamente. É isso. Numa cultura em que as pessoas são recompensadas pela inovação e pela honestidade em relação ao fracasso, indivíduos desenvolvem confiança e se reerguem, se esforçando mais na próxima vez.

Gene Paul adotou um projeto de aprendizagem pela ação envolvendo a elaboração e a implementação de um sistema de software que deveria custar de 2 a 3 milhões de dólares. Depois, a estimativa passou para aproximadamente 12 milhões de dólares e estava subindo cerca de 1 milhão de dólares por semana. O projeto sofreu em várias frentes e no final a diretoria o abortou. "Eu deveria ter seguido meu instinto o tempo todo", disse Gene. "A maioria dos meus sentimentos ou das minhas premonições em relação aos processos e às pessoas estavam corretas". Ele também aprendeu a ser mais prudente nos seus comentários e sentimentos pessoais. O projeto e algumas das aprendizagens vinculadas a ele deram a Gene novas ideias sobre o ambiente de um grande varejista e em vários sentidos alteraram a maneira como ele lida com projetos atualmente. Ele confia nele mesmo mais completamente e sabe como parar o processo quando acha que as pessoas não estão comprometidas com as mudanças ou quando aparecem outros problemas. "Estar aberto às lições de um grande projeto é significativo para todos os envolvidos — há muito para todos aprenderem".

Nós podemos ser nossos piores inimigos. Somos críticos, nunca estamos satisfeitos com nossas realizações e com nosso trabalho. Somos cautelosos e evitamos correr riscos. Julgamos mal nosso próprio trabalho e nosso próprio valor. Então por que outras pessoas enxergam em nós mais do que nós mesmos?

Como você pode se ver como as outras pessoas o fazem? Observe o comportamento delas, ou seja, como elas estão reagindo a você? Use inferência para descobrir o motivo. Peça críticas de outras pessoas e as aceite positivamente. As pessoas que parecem ser suas críticas mais severas podem ser suas melhores aliadas.

Conforme Warren Bennis descreve em *Geeks and Geezers* (2002), "provas de fogo" são uma metáfora para circunstâncias que transformam um líder. Com frequência, as provas de fogo são tempos de fracasso com potencial para aprendizagem. São momentos de definição que forçam as escolhas, aguçam a consciência e nos ensinam sobre que tipo de pessoas realmente somos. Alguns indivíduos podem ser destruídos por essas experiências enquanto outros as enxergam como oportunidades. De acordo com Bennis, "os líderes criam significado a partir de eventos e relacionamentos que devastam aqueles que não são líderes". Quando encontram um erro, os líderes não se sentem impotentes, mas procuram o que é útil e como podem reagir com ações adequadas.

Todo grande líder já passou por essas situações definidoras. O mais importante é refletir sobre os resultados e depois usar as novas ideias no futuro. Nossas entrevistas estão repletas de narrativas de provas de fogo que se tornaram oportunidades para a aprendizagem.

Reflexões sobre o Capítulo 10

1. Que oportunidades você teve para assumir projetos de aprendizagem pela ação?
2. Você consegue pensar num projeto para propor hoje que lhe daria oportunidades para ser mais visível na sua prática de liderança e resolveria problemas da empresa ao mesmo tempo?
3. Quando você defendeu o que você acredita que seja ético e certo? O que o levou a fazer essa defesa e o que aconteceu como resultado disso? O que você aprendeu?
4. Quais foram algumas das suas maiores experiências de aprendizagem na sua vida? Como estas se correlacionam com sua experiência de observar os altos e baixos?
5. Pense numa experiência de prova de fogo na sua vida como líder. O que aconteceu? O que esta experiência de aprendizagem lhe ensinou? Como você mudou sua abordagem em decorrência disso?

CAPÍTULO 11

Elaborando seu roteiro

Como mudanças significativas e importantes muitas vezes acontecem por acaso, você só vai percebê-las se prestar atenção. Mas você pode integrar essas mudanças de maneiras deliberadas. Parte da criação e sustentação da liderança eficaz é reconhecer, administrar e direcionar o seu processo de aprendizagem e mudança.

Pessoas que direcionam seu desenvolvimento estão mais bem preparadas para fazer escolhas que as ajudam a ser mais eficazes e satisfeitas. Richard Boyatzis e colegas (2008) desenvolveram um Modelo de Mudança Intencional que ajuda as pessoas a se engajar numa transformação. O modelo inclui vários elementos-chave (veja a Figura 11.1):

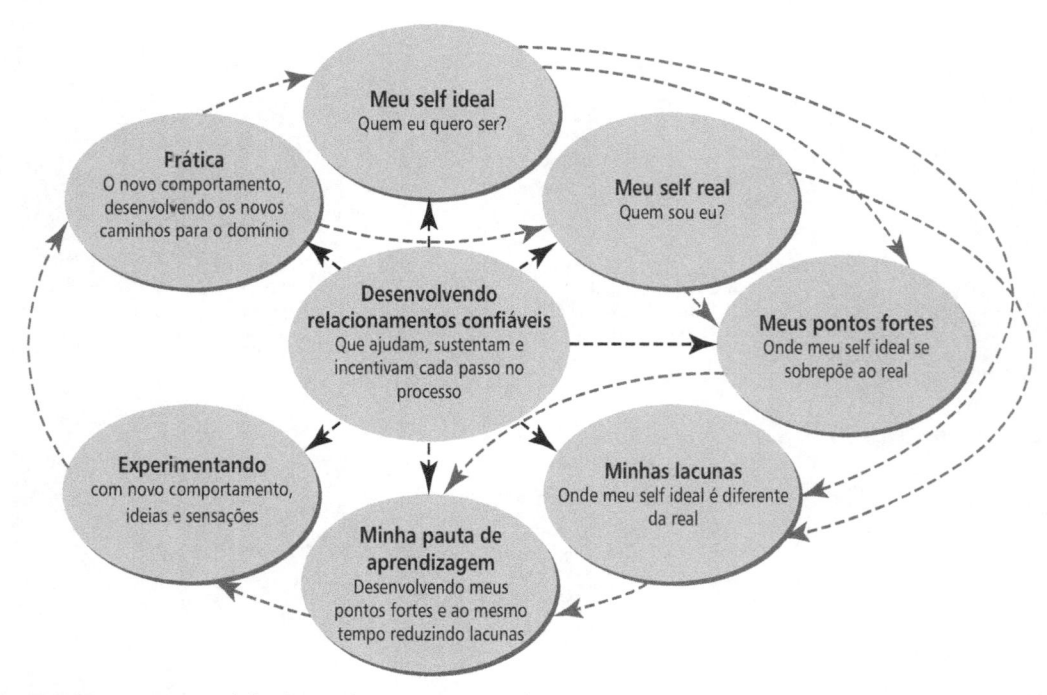

FIGURA 11.1 Modelo de mudança intencional.

Fonte: Reimpresso com permissão da Harvard Business Press. De *Becoming a Resonant Leader* por Annie McKee, Richard Boyatzis e Francis Johnson, Boston, MA, p. 58. Copyright © 2008 pela Harvard Business Press. Todos os direitos reservados.

1. **O self ideal** — o que você quer da vida e a pessoa que você quer ser — levando à sua visão pessoal
2. **O self real** — como você age e é visto pelos outros. A comparação entre o self real e o self ideal resulta na identificação dos seus pontos fortes e fracos — levando a um balanço geral
3. **Sua pauta de aprendizagem** — aprimorar seus pontos fortes e aproximá-lo da sua visão enquanto possivelmente tentando resolver um ou dois pontos fracos
4. **Experimentar** — praticar novos hábitos ou comportamentos de liderança, a fim de reforçar ou afirmar seus pontos fortes
5. **Desenvolver relacionamentos de confiança** — manter vínculos próximos e pessoais que lhe permitam percorrer esse ciclo em direção à renovação contínua

A mudança começa quando você descobre o líder que quer ser — ou seja, seu self ideal. Você sabe que o encontrou quando se empolga com as possibilidades que sua vida oferece. Para dar esse passo, identifique seu sonho para você mesmo, sua vida e seu trabalho.

Você também precisa enfrentar seu self verdadeiro e a sua situação atual. Isso inclui receber comentários dos outros sobre como eles o enxergam e, em seguida, comparar essas informações com a maneira como você se vê. Você precisa tornar-se vulnerável, evitar uma atitude defensiva e preparar-se para sair da sua zona de conforto para novas experiências e práticas. Essas coisas exigem coragem. Conversar com amigos próximos ou com seus mentores pode ajudar, especialmente se vocês concordarem em ser honestos e apoiar e honrar a confiança um do outro.

Identificadas as lacunas entre o seu self ideal e o self real, você poderá elaborar uma pauta para a criação do seu futuro. Ela deve ter como foco o desenvolvimento propriamente dito — primeiro na aprendizagem e depois em resultados. Uma orientação para a aprendizagem reforça suas capacidades e expectativas de crescimento. Para manter seu ímpeto, escolha apenas algumas coisas para desenvolver. Selecione quatro ou cinco metas que apontam na direção do self ideal e da sua visão de liderança. Aqui estão alguns exemplos de planos de aprendizagem de alguns dos líderes:

Bea Ellison identificou seis grandes marcos que gostaria de alcançar no plano de cinco anos para sua pauta de aprendizagem e liderança:
- Escolher um novo funcionário para treinar e orientar; manter anualmente
- Participar de uma equipe de projeto onde serei responsável por processos de engenharia que estão fora da minha realidade atual, de tal forma que minhas experiências se ampliem

- Assumir um papel de liderança de equipe para um novo projeto de tecnologia no ano seguinte
- Assumir um desafio para interagir mais com as equipes comercial e de marketing para aprender e influenciar as estratégias de desenvolvimento de produto nos próximos dois anos
- Assumir uma posição de alta liderança na minha divisão onde eu seja responsável por decisões de importância estratégica para orientar o desenvolvimento de uma nova tecnologia e um novo produto
- Começar uma família dentro dos próximos cinco anos

Os principais objetivos de Keith Kutler para o seu plano de liderança e aprendizagem eram
- Aprender a se comunicar melhor
- Aprender a assumir riscos e a ter mais fé
- Tornar-se mais compreensivo e empático
- Abrir mão do controle e confiar nos outros

Estudantes de pós-graduação foram convidados a usarem ou o Modelo de Mudança Intencional ou o modelo que mostramos na Figura 11.2 para começarem a montar suas agendas de aprendizagem e seus planos de desenvolvimento de liderança subsequentes.

Seu plano estratégico pessoal

Como você pode ver na Figura 11.2, seu estado futuro e seu estado atual estão em lados opostos do plano. O que importa é como você se move de um para o outro e quem o apoiará no caminho. O roteiro serve como um modelo para seu pensamento.

Como você passará do seu estado atual para seu estado futuro? Com que prazo você está disposto a se comprometer? Será um plano para daqui a três anos, cinco anos ou apenas um ano para começar?

Você precisa avaliar o que funciona para você ao montar seu plano. Prepare-se para a experiência e a prática e para obter comentários de colegas à medida que você começar seu plano. Use sua diretoria como conselheiros e treinadores sábios para ajudá-lo a se responsabilizar pelo que você quer fazer acontecer.

Como qualquer mudança precisa começar em algum lugar, quem a experimentará e a levará adiante será o único indivíduo. A mudança realmente deve começar com um indivíduo. Pode ser qualquer um de nós. Ninguém pode se dar o luxo de olhar ao redor e esperar que outra pessoa faça o que ele próprio está relutante em fazer.

— Carl Jung

MEU PLANO ESTRATÉGICO PESSOAL → Meu Plano de Liderança & Aprendizagem

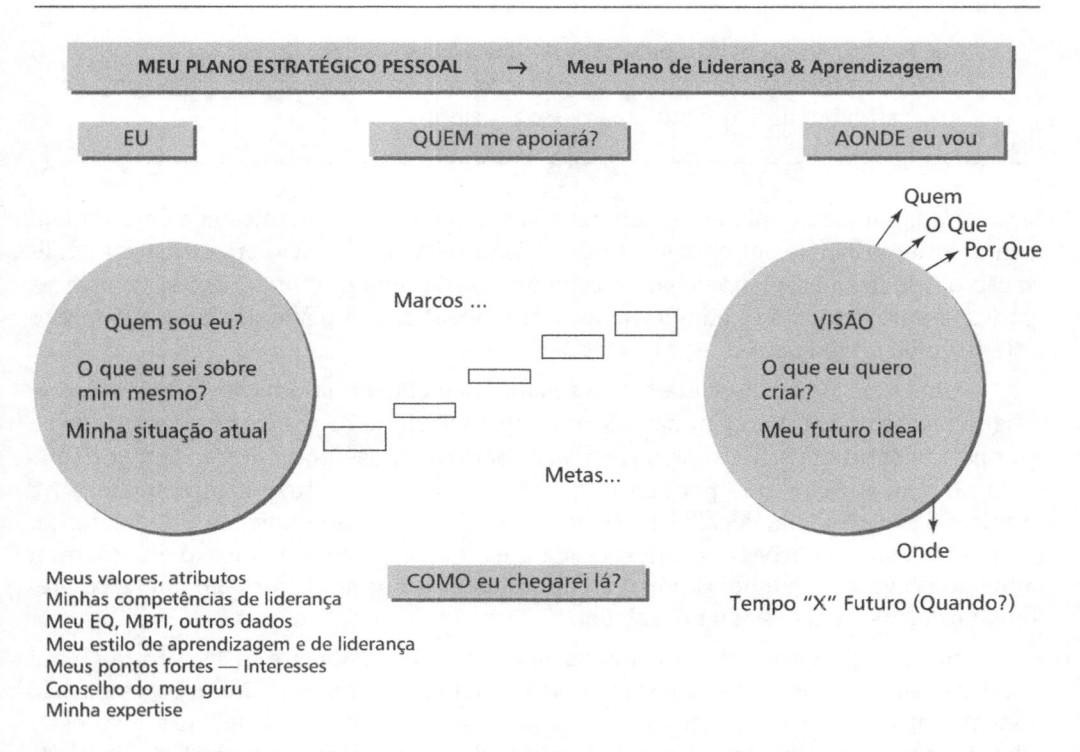

EU

Quem sou eu?
O que eu sei sobre mim mesmo?
Minha situação atual

Meus valores, atributos
Minhas competências de liderança
Meu EQ, MBTI, outros dados
Meu estilo de aprendizagem e de liderança
Meus pontos fortes — Interesses
Conselho do meu guru
Minha expertise

QUEM me apoiará?

Marcos ...

Metas...

COMO eu chegarei lá?

AONDE eu vou

Quem
O Que
Por Que

VISÃO
O que eu quero criar?
Meu futuro ideal

Onde

Tempo "X" Futuro (Quando?)

FIGURA 11.2 Modelo de Millam para o desenvolvimento do seu plano de liderança e aprendizagem

---

O plano de liderança e aprendizagem de Karl Conner para os próximos dois anos estava focado em crescer como um líder autêntico. Ele escolheu cinco áreas em que se concentrar:
- Compreender e viver o meu propósito
- Praticar valores sólidos
- Liderar com meu coração
- Estabelecer relacionamentos afins e duradouros
- Demonstrar autodisciplina

O plano de cinco anos de Sam Antigliota era continuar na sua viagem de domínio pessoal:
- Tornar-me perito no meu campo
- Continuar a assistir a conferências e seminários relevantes para o meu trabalho e para o caminho da minha carreira
- Ganhar uma nova perspectiva sobre o meu trabalho e sobre a contribuição social ao ser voluntário para trabalhar com um médico envolvido na área de cardiologia intervencionista

- Praticar todas as competências de liderança diariamente
- Ficar em rede com líderes respeitados que me influenciam e me tornam tanto um líder quanto uma pessoa melhor

Cada um desses planos incluiu uma visão claramente identificada e descrita, um conjunto de princípios orientadores, identificou os pontos fortes, prazos para a realização das metas, um plano de como cada um usaria uma diretoria e ações específicas para superar obstáculos e atingir metas. Um modelo para o plano de desenvolvimento está incluído no apêndice.

Uma vez que a sua pauta e o seu plano o coloquem na direção certa, você precisa implementá-los. Vá além da sua zona de conforto para praticar novas atitudes e comportamentos até que eles se tornem automáticos. Cada vitória precoce proporciona uma nova motivação, que por sua vez, traz nova energia e novo compromisso. Para praticar e experimentar, localize e use as oportunidades de aprendizado e de mudança. É mais fácil em condições que parecem seguras. Após cada período de experiência num ambiente seguro, pratique os novos comportamentos nos ambientes em que você pretende usá-los — em casa ou no trabalho.

Relacionamentos são partes essenciais do nosso ambiente e são centrais para sustentarem qualquer transformação pessoal. As relações com sua diretoria pessoal são as mais cruciais, pois nela estão inclusas as pessoas que mais se dedicam ao seu sucesso. Elas podem servir como guias críticos e caixas de ressonância, fornecendo *feedback* de acordo com sua necessidade.

Nossa cultura, nossos grupos de referência e nossos relacionamentos intercedem e moderam a nossa sensação de quem somos e quem queremos ser. Nós desenvolvemos e elaboramos nossas personalidades ideais a partir destes contextos, bem como rotulamos e interpretamos nossas verdadeiras personalidades a partir deles. Nesse sentido, nossos relacionamentos são mediadores, moderadores, intérpretes, fontes de *feedback* e fontes de apoio e nos permitem para mudar e aprender.

Em nossas entrevistas, os líderes falaram diversas vezes sobre o valor dos seus grupos de apoio, dos seus mentores e do *feedback* ou da orientação que aquelas pessoas conseguiram fornecer. Isto confirma vários estudos de pesquisa que sugerem que ter um círculo de apoio ao seu redor à medida que você tentar crescer e se desenvolver aumentará a probabilidade de sua realização dos objetivos e o estimulará a intentar objetivos ainda mais audaciosos para o futuro.

Reflexões sobre o Capítulo 11

1. O que você pretende fazer para garantir seu crescimento e seu desenvolvimento contínuos?
2. Como você pode garantir que está pronto para agir e não está sufocado com tantos dados?
3. Quais pontos fortes você pretende alavancar?

4. Como você garantirá que esses pontos fortes alavancados reduzirão qualquer área de fraqueza?
5. Quais são os primeiros passos que você está disposto e pronto para dar?
6. O que o impede?
7. Como você monitorará seu processo de mudança?
8. Quem o ajudará a avaliar seu progresso?
9. Como você fará bom uso do apoio que receber?

CAPÍTULO

12

Os relacionamentos são fundamentais

Os capítulos anteriores descreveram processos em que você aprende sobre si mesmo, entende o que quer e desenvolve um roteiro para chegar lá. Os relacionamentos são fundamentais nesse processo. Qualquer que seja o seu objetivo, você vai precisar de ajuda.

Você precisará convencer as outras pessoas de que seu objetivo é importante, de que você precisa do apoio delas e de que elas também serão beneficiadas se você alcançar seus objetivos. Você precisa saber como gerenciar relacionamentos, não apenas em proveito próprio, mas também em benefício do todo — a equipe, a organização, a sociedade ou o mundo em geral.

Líderes emocionalmente inteligentes podem gerenciar tanto a si mesmos quanto seus relacionamentos com as outras pessoas. São capazes de motivar as pessoas com visões convincentes ou missões compartilhadas. Os líderes personificam o que exigem de outras pessoas e os inspiram a segui-los. São influenciadores capazes, encontrando exatamente o apelo certo para determinado ouvinte criar a adesão de pessoas chave e construir uma rede de apoio.

Líderes com influência são convincentes e atraentes quando abordam um grupo. Sabem como provocar um impacto positivo sobre as outras pessoas, gerando uma atmosfera de respeito, disponibilidade para ajudar e cooperação. Eles atraem outras pessoas para um compromisso ativo com esforços coletivos e constroem o espírito e a identidade. Passam tempo forjando e cimentando relações próximas além das obrigações de trabalho.

Parte dessa capacidade inclui habilidades de comunicação. Líderes emergentes precisam que as pessoas vejam e ouçam suas ideias, precisam noticiar descobertas da pesquisa, compartilhar informações e assim por diante.

Existem várias formas de comunicação – por escrito com memorandos, e-mails, relatórios, artigos de pesquisa e outros documentos; oralmente em palestras, apresentações e discussões; e visualmente, com apresentações, gráficos e fotos. Você escolhe o método dependendo da natureza do material, do público e do tempo disponível.

Você pode pensar na comunicação como informações às outras pessoas. Tão importante quanto isso é como você recebe informações, escutando ativamente e usando perguntas abertas. Conforme vários líderes disseram, sua principal função é influenciar as outras pessoas. Usar sua inteligência emocional para construir relacionamentos não é aleatório, mas sim um processo deliberado que pode ser aprendido. Quanto melhor você entender como construir relacionamentos, mais eficaz será como líder.

A construção de relacionamentos tem dois aspectos principais. O primeiro está relacionado aos estilos sociais para você e seu público, enquanto o outro envolve entender a dinâmica de grupo e usar uma comunicação eficaz.

Em seu livro, Social Style/Management Style (1984), Robert e Dorothy Grover Bolton estabeleceram um sistema de estilos sociais baseado em conceitos simples, mas poderosos: uma pessoa em cada um dos quatro principais estilos sociais, que discutiremos detalhadamente mais adiante neste capítulo, pensa diferente e dá importância a critérios diferentes para o desenvolvimento de confiança, para a motivação pessoal e profissional, para o que devem fazer e para o que eles temem. Se você entender essas diferenças, você poderá desenvolver comunicações relevantes para cada estilo social.

Larry Wilson (1987, 1994) e a Wilson Learning ampliam os conceitos de estilo social que os Boltons desenvolveram. Esse processo é bem documentado nas obras de outros autores, incluindo William Murray (1993), Peter Block (2008), Peter Senge e colegas (2004), teóricos das ciências sociais, praticantes de relações humanas e de desenvolvimento organizacional e treinadores.

Alguns conceitos de comunicação não são óbvios imediatamente, mas são cruciais para sua eficácia. Felizmente, esses conceitos são atraentes para aqueles com formação técnica: você só precisa medir duas variáveis – assertividade e capacidade de reação – e a partir daí você pode inferir outras informações relevantes, e o processo pode ser reproduzido e seguido. O panorama é mais complexo, mas esta abordagem baseia-se no trabalho dos Boltons em Social Style/Management Style e é ensinada por organizações como a Wilson Learning e a Eagle Learning — e funciona.

Sua vida é uma matriz complexa de relacionamentos com amigos, família, colegas de equipe, membros de sociedades profissionais, organizações religiosas e outros que leva tempo para construir e precisa de cuidados para manter. O processo de construção e manutenção de relacionamentos parece aleatório até você entender como gerenciá-lo.

Você se dá melhor com algumas pessoas do que com outras? Por que há uma diferença? É você ou eles? Quando você interage bem com as pessoas e sente que estão te ouvindo, o que caracteriza essa experiência? E quando você interage mal com as pessoas e sente que não estão te ouvindo? Estas perguntas chegam à origem do processo de influência. Você tem influenciado outras pessoas durante toda a sua vida e provavelmente não sabe como.

Para efetivamente influenciar as outras pessoas, você deve ser capaz de entender a dinâmica de uma situação e gerenciar qualquer tensão entre você e as outras pessoas, sejam elas clientes, funcionários ou colegas. Todas as interações humanas envolvem dois tipos de tensão. Uma é a tensão da relação, a tensão quotidiana pela qual todos os seres humanos passam. A outra é a tensão da tarefa, uma força produtiva que nos faz atingir os nossos objetivos. A influência eficaz reduz a tensão da relação e aumenta a tensão da tarefa.

As pessoas adoram comprar coisas e valorizam o fato de serem membros de um grupo. No entanto, às vezes é difícil "vender" uma ideia, até para sua própria comunidade. Você pode ter estado do outro lado de uma situação como esta, em que você ficou impassível em relação à ideia de outra pessoa. Todos nós temos barreiras que criam resistência. Ao ajudar as outras pessoas a quebrar hábitos e aceitar a mudança, você pode realizar seus objetivos de forma mais eficaz, agregando valor para você mesmo e para sua organização e fazendo você sentir que faz diferença.

Para construir relacionamentos produtivos, você deve estabelecer confiança. Pessoas que confiam em você o ouvirão. Da mesma forma, quando você mostrar interesse nas outras pessoas e ouvir suas ideias, você conseguirá identificar quais objetivos e necessidades vocês têm em comum. Ao explicar como suas ideias beneficiam as outras pessoas, você faz com que elas se desloquem na sua direção. Resumindo, estabelecer confiança, identificar necessidades, propor ajuda e criar um sentido positivo de urgência.

Estilos sociais

É aqui que os conceitos de estilo social tornam-se importantes. Quase 50 anos de pesquisa (Bolton, 1984, Wilson, 1987 and Murray, 1993) mostram que as pessoas operam com quatro formas distintas de interação, ou estilos sociais: amável, analítico, orientador e expressivo:

- Pessoas com **estilo amável** se preocupam mais com relacionamentos íntimos do que com resultados ou influência. Elas costumam parecer carinhosas, amigáveis e cooperativas. As pessoas amáveis tendem a se movimentar de forma lenta e deliberada, minimizando o risco e muitas vezes usando opiniões pessoais para chegar a decisões. Pertencer a um grupo é uma necessidade primária, e os amáveis trabalham para serem aceitos. Eles costumam buscar coisas em comum, preferindo alcançar objetivos através de entendimento e de respeito mútuo em vez da força e da autoridade. Quando administrados pela força, os amáveis parecem cooperar inicialmente, mas provavelmente não se comprometerão com os objetivos e mais tarde poderão resistir à implementação.

- Pessoas com **estilo analítico** valorizam fatos acima de tudo e podem parecer não comunicativas, frias e independentes. Elas têm uma forte disciplina em relação ao tempo juntamente com um ritmo lento para ação. Valorizam mais a exatidão, a competência e a lógica do que opiniões, muitas vezes evitando riscos em favor de decisões prudentes e deliberadas. Os analíticos costumam ser cooperativos, desde que tenham alguma liberdade para organizarem seus próprios esforços. Muitas vezes o poder gera suspeitas nos analíticos, mas, se eles o considerarem necessário para atingir metas e objetivos, eles próprios poderão procurar o poder. Em relacionamentos, os analíticos costumam ser mais cuidadosos e reservados no começo mas, uma vez que a confiança é conquistada, eles podem se tornar leais e dedicados.

- Pessoas com **estilo condutor** querem saber o resultado estimado de cada opção. Elas estão dispostas a aceitar riscos, mas desejam se movimentar rapidamente e ter a palavra final. Em relacionamentos, podem parecer pouco comunicativas, independentes e competitivas. Os condutores tendem a se concentrar na eficiência ou na produtividade em vez de dedicarem tempo e atenção a relações casuais. Eles raramente acham necessário compartilhar os motivos pessoais ou os sentimentos. Os condutores são voltados para resultados, tendendo a iniciar a ação e a dar uma direção clara. Buscam o controle sobre seu ambiente.

- As pessoas de **estilo expressivo** são motivadas por reconhecimento, aprovação e prestígio. Elas tendem a parecer comunicativas e acessíveis, muitas vezes compartilhando seus sentimentos e seus pensamentos. Movem-se rapidamente, continuamente animadas com a próxima grande ideia, mas muitas vezes não se comprometem com planos específicos ou completam as coisas. Os expressivos gostam de correr riscos. Ao tomarem decisões, tendem a valorizar mais as opiniões de pessoas proeminentes ou bem-sucedidas do que a lógica ou a investigação. Apesar de considerarem as relações importantes, sua natureza competitiva leva os expressivos a procurarem amigos mais silenciosos que apoiem seus sonhos e suas ideias, muitas vezes tornando seus relacionamentos superficiais ou de curta duração.

Estabelecendo confiança

Começar um relacionamento exige que alguém — você — dê o primeiro passo. Você precisa correr um risco psicológico confiando primeiro, supondo que você possa confiar na outra pessoa. Isto costuma ser automático: se você confiar nas outras pessoas, provavelmente elas confiarão em você.

Ao construir confiança, lembre-se que as palavras são apenas uma pequena parte da comunicação. Você também envia mensagens pela linguagem corporal, voz, empatia e credibilidade. É por isso que conversar pessoalmente é eficaz e é por isso que é mais provável ocorrerem mal-entendidos em comunicações escritas.

Especialistas em comunicação alegam que apenas 38% da nossa comunicação ocorre através de palavras, enquanto a maioria ocorre através de ritmo, intensidade e dicas não-verbais, como expressões faciais, gestos, contato visual, postura e tom de voz. O que se diz é importante, mas como se diz é ainda mais importante.

A maneira como você ouve, olha, se mexe e reage diz à outra pessoa se você se importa e o quanto você está ouvindo bem. Esses sinais não verbais podem produzir uma sensação de interesse, confiança e desejo de conexão — ou desinteresse, desconfiança e confusão.

Pratique o comportamento da linguagem corporal. Observe reações quando você sorrir ou mantiver contato visual, duas ações poderosas. Observe participantes qualificados. Quando não estão falando, eles ainda assim estão enviando mensagens e causando impacto sobre as outras pessoas. Muitas pessoas enviam sinais não-verbais confusos ou negativos sem saber. Para melhorar a qualidade de seus relacionamentos, você precisa

- Ler outras pessoas com precisão, incluindo as suas emoções e as mensagens não verbais
- Criar confiança e transparência, enviando sinais não verbais equivalentes às suas palavras

- Reagir com pistas não verbais que mostram às outras pessoas que você percebe, entende e se preocupa

Entender e usar a comunicação não verbal o ajudará a se conectar com as outras pessoas, expressar o que você quiser dizer, explorar situações desafiadoras e construir melhores relacionamentos em casa e no trabalho

Além das palavras que você usa, o tom, a altura, o volume, a inflexão, o ritmo e a taxa da sua voz são importantes. Esses sons fornecem pistas sutis, mas importantes para seus sentimentos e para o significado. O tom de voz, por exemplo, pode indicar sarcasmo, raiva, afeição ou confiança. Preste atenção nesses elementos da forma como as outras pessoas falam e na sua própria voz:

Intensidade. A quantidade de energia que você projeta é considerada sua intensidade. Isto tem tanto a ver com o que é bom para a outra pessoa quanto com sua preferência pessoal.

Sincronismo e Ritmo. Estas mostram a sua habilidade para ouvir bem e comunicar interesse e envolvimento. Ritmo também indica assertividade.

Compreensão. Sons de reconhecimento, com olho congruente e gestos faciais, comunicam uma conexão emocional. Mais do que palavras, esses sons são a linguagem do interesse e da compaixão.

Tom de Voz. Indica capacidade de reação. Em geral, os condutores usam uma monotonia rápida, os expressivos usam um cantado rápido, os amáveis usam um cantado lento e os analíticos usam uma monotonia lenta.

Empatia. Simpatia é compartilhar os sentimentos das outras pessoas e empatia é a capacidade de ver as coisas de perspectivas das outras pessoas. Trata-se da capacidade e do desejo de entender o humor, o temperamento ou os sentimentos das pessoas, ler as pessoas com precisão e aceitá-las como são. Ao entender esses aspectos de comunicação, você pode estabelecer confiança e credibilidade com vários estilos sociais. Aqui estão alguns exemplos:

- Para os condutores, a credibilidade baseia-se na competência demonstrada: conhecer o assunto, descrever sua proposta de forma sucinta, ou reagir com confiança a perguntas rápidas.
- Para os analíticos, sua credibilidade depende da sua imagem — como você parece e soa. Por exemplo, você se veste adequadamente para a situação e fala como um profissional?
- Para os expressivos, a credibilidade está relacionada com as coisas em comum. Vocês vêm do mesmo estado? Vocês estudaram na mesma escola? Vocês pertencem às mesmas organizações?

- Para os Amáveis, a competência está intimamente relacionada com intenção positiva. Em vez de empurrar seu produto ou ideia, você preza o interesse de seu cliente?

Mais cedo na sua carreira, Ellie Fitzgerald era uma gerente de projetos que tinha problemas constantes de personalidade com o gerente de qualidade. Nada que ela fez parecia estar certo. Ela aprendeu a entender o estilo social deste gerente e, através da persistência e ouvindo ativamente, quebrou as barreiras de comunicação em três meses. Ela descobriu que o gerente de qualidade não percebia sua abordagem anterior como demonstrando respeito. Eles agora estão desfrutando de uma ótima relação de trabalho como resultado da observação e da perseverança de Ellie.

Identificando necessidades

Depois que você estabelecer uma base de confiança e gerenciar tensões do relacionamento, você poderá começar a construir a tensão da tarefa. Profissionais técnicos costumam ter grandes ideias e acreditar que elas são muito importantes, mas as ideias sozinhas podem não ser suficientes para obter o apoio de outras pessoas. Isso é conhecido como "empurrão de tecnologia". Ouvindo as necessidades de seu público e ligando suas ideias a essas necessidades, você poderá melhorar suas chances de sucesso. Isto é chamado "puxão do mercado".

Você pode ter todos os tipos de razões para que alguém compre suas ideias e seus produtos, mas elas podem ser irrelevantes. As pessoas compram pelas razões delas, não pelas suas. Por exemplo, pergunte a várias pessoas qual serviço de telefonia celular elas usam. Você terá diversas respostas. Quando você pergunta o que gostam sobre ele, as respostas também variam. Não importa o que a empresa de telefonia celular ache que é mais importante. Pode ser algo que a empresa nem anuncie.

Quando você se empolgar com uma nova ideia, lembre-se de que as outras pessoas talvez não estejam, não importa o quanto a ideia seja boa. Determine o que elas consideram importante, depois apresente sua ideia numa linguagem atraente para elas.

Lembre-se da experiência de Ellie Fitzgerald no Capítulo 2. Ela tinha uma situação e uma ideia para lidar com ela — mas seu grupo tinha opiniões divergentes sobre como reagir. Ela organizou uma reunião, fez perguntas e usou a escuta ativa para fazer com que todos os membros da sua equipe compartilhassem seus pensamentos. À medida que cada membro da equipe era ouvido, as melhores ideias vieram à tona, e a equipe concordou com uma solução. Ellie alcançou seu objetivo.

A maioria dos compradores querem três coisas: uma solução adequada, um consultor de confiança e serviço que agrega valor. A solução adequada precisa lidar com os motivadores de negócio do comprador (questões ou vantagens da tarefa) e motivações pessoais (sensações ou benefícios). Estes variam de acordo com cada estilo social. Vantagens, ou motivadores comerciais, são coisas como o aumento dos lucros ou investimentos, o aumento da qualidade ou da quantidade, a redução de esforços e custos mais baixos. Igualmente importantes são os motivadores pessoais do comprador, ou benefícios, tais como respeito, aceitação, reconhecimento e poder. Aqui estão os motivadores para cada estilo social:

Condutores. As motivações comerciais para os condutores são aumentar a qualidade e ser o melhor. As motivações pessoais são o aumento do poder e da influência.

Analíticos. As motivações comerciais para os analíticos são o aumento do lucro e o investimento sadio. Sua principal motivação pessoal é ganhar respeito.

Expressivos. As motivações comerciais para os expressivos são a redução dos esforços. A principal motivação pessoal é ganhar reconhecimento.

Amáveis. As motivações comerciais para o amáveis são a redução dos custos. A principal motivação pessoal é ser aceito.

Como você precisará buscar apoio de diversos tipos de pessoas, você deve escrever sua proposta de uma forma que trate de todas essas motivações.

Para identificar necessidades, faça perguntas como se fosse um médico tentando encontrar a fonte de um problema de saúde antes de sugerir uma linha de ação. Não ofereça uma solução antes de identificar a necessidade. Comece procurando lacunas entre a situação atual e outra melhor, com perguntas como as seguintes:

- Qual é a situação agora? O que você tem?
- Qual é o estado futuro desejado? O que você quer?
- O que está motivando seu desejo de mudança?
- Quais são as consequências potenciais da falta de ação?
- Quais barreiras precisarão ser superadas para você conseguir o que quer?

Uma necessidade ou desejo satisfeito não é uma motivação. Por exemplo, suponha que você acabou de terminar um jantar caro e não aguenta comer mais nada. O cozinheiro oferece outro igual de graça se você comer agora. Como você já saciou seu desejo, você não tem motivação. Lembre-se disto quando estiver procurando suas necessidades e seus desejos para sua ideia, seu produto ou serviço.

Evite perguntas que possam ser respondidas com sim ou não. Perguntas abertas permitem que as outras pessoas forneçam respostas mais extensas e que mantenham a dinâmica da conversa. Use perguntas como "Qual é seu status atual em comparação com seu prazo?" ou "Como você planeja concluir este projeto?"

Usando palavras como querer, pedir, desejar, precisar, pensar, sonho, poder, sentir, opinião, mudança e suficiente, você pode descobrir os desejos de maneira semelhante. Pergunte "o que você quer?" ou "quais são seus sonhos?" ou "como você alcançaria sua meta?"

Sabendo o que alguém tem e quer, você pode determinar a tarefa ou as motivações comerciais, bem como os sentimentos ou as motivações pessoais, que conduzem o desejo para um estado futuro diferente. Isso leva a perguntas e respostas sobre o custo do problema em termos de receitas, prazo, qualidade ruim e assim por diante. O que está custando não atingir o estado futuro desejado?

Propondo ajuda

Depois que você tiver estabelecido a confiança e identificado as necessidades, pense criticamente sobre se a sua ideia, produto ou serviço irá ajudar. Supondo que os desejos já não estejam satisfeitos, continue a construir a tensão da tarefa. A etapa final do diagnóstico é determinar quais são os obstáculos no caminho da ação. Por que ninguém tomou medidas para alcançar o estado futuro? O que está impedindo a pessoa de fazer isso?

Ouça as informações relevantes, observe a linguagem corporal e preste atenção nas pistas não verbais. Nesse processo socrático, suas perguntas ajudam os membros da plateia a esclarecerem e articularem seu pensamento e, ao fazê-lo, revelam os problemas para si mesmos. Use reações ativas de escuta, tais como "eu vejo," "conte mais," "dê um exemplo" e "e daí?" Certifique-se de que sua linguagem corporal e sua comunicação não verbal também mostrem seu interesse.

Quando você entender as razões, expresse-as em suas próprias palavras e pergunte se as coisas estão certas para você. Se você conseguir resumir a situação, significa que você está conseguindo se comunicar. Mesmo que você não identifique um ponto chave, a outra pessoa o corrigirá.

Voltando por um momento à ideia de que "as pessoas compram pelas razões delas, não pelas suas", agora você sabe quais são as razões delas. Ao questionar, você ajuda as pessoas a determinarem no que elas realmente acreditam e o que elas querem. Uma vez que elas digam isso, a ideia passa a ser delas. Agora é a hora de planejar e treinar sua apresentação.

Antes de oferecer uma solução, reserve algum tempo para olhar para a análise do seu processo de escuta ativa. A ideia, produto ou serviço que você propõe deve ter três componentes: uma recomendação, uma vantagem que se relaciona com negócios ou motivadores de tarefas e um benefício que relacionado a motivadores pessoais ou sentimentais.

Uma recomendação ou um recurso é um produto, serviço, conjunto de materiais, ou proposta de mudança que satisfaz uma necessidade. Em sua recomendação, compartilhe o que é ou como ele funciona. Aviso: profissionais técnicos têm uma tendência a parar por aí, pensando que as implicações são óbvias. Mas isso é só o começo. O trabalho ainda está por vir. Uma vantagem é como a recomendação resolve o problema de tarefa ou de negócios. Ela diz como o recurso fornece aumento dos lucros, maior qualidade, quantidade maior ou menor esforço. Um benefício é como o comprador vai se sentir uma vez que o produto, serviço ou ideia satisfaça a necessidade ou resolva o problema. Esses sentimentos serão de poder, respeito, reconhecimento ou aceitação. Quando vocês se encontrarem novamente, revise a análise, confirme as necessidades e desejos expressados e pergunte se a situação ainda existe. Isso atualiza as memórias e cria oportunidades para descobrir se alguma coisa mudou de forma a afetar sua proposta. Se ainda há alguma resistência uma vez que você apresentar a sua proposta, não desanime. É hora de fazer mais perguntas. Sua proposta é que perdeu o foco? Há alguma outra barreira no caminho? Por ter estabelecido uma relação de confiança, essa conversa pode ser amigável e confortável. Lembre-se de que seu objetivo é resolver um problema para satisfazer necessidades e vontades.

Estabelecimento de urgência

Depois de estabelecer confiança, necessidade e ajuda, tomar decisões ainda pode ser um obstáculo. Isso às vezes é conhecido como ansiedade de decisão. A pessoa ou grupo de cujo suporte você precisa pode ter retornado à alta tensão de relação e à baixa tensão de tarefa. Seu trabalho é minimizar os sentimentos de risco.

Mostre que você é um ajudante confiável; explique como seguir em frente com sua proposta irá ajudar a resolver problemas, como seus benefícios e vantagens servirão aos melhores interesses do seu público. Se atrasar uma decisão tornará a situação pior ou aumentar custos, diga.

Preparando-se para a resposta de luta ou fuga

Decisões levam à mudança, que por sua vez introduz novos riscos. E a decisão que você quer que alguém tome é apenas uma das muitas coisas com as quais essa pessoa precisa lidar. Outros assuntos de trabalho, família e pessoais afetam suas escolhas também. Quando as pessoas estão sob estresse, respondem de forma diferente, com reações luta e/ou fuga. Prepare-se para essas reações e esteja pronto para oferecer tranquilidade.

Reações, como a maioria dos comportamentos, estão relacionadas ao estilo social. Reações de luta manifestam-se em uma resposta autocrática ou atacante. Reações de fuga manifestam-se em evitar e aquiescer. Como influenciador, evite colocar-se sob estresse. Você entende o que está acontecendo e pode ajudar, o que é uma vantagem para você — e para o seu público.

Quando eu era um estudante de aviação em busca da licença de piloto de monomotor, meu instrutor frequentemente apresentava problemas hipotéticos e perguntava o que eu faria. E se o motor falhasse? E se eu entrasse em loop? E se atingíssemos um pássaro? A resposta era sempre a mesma: pilotar o avião. Lembro-me dessa lição toda vez que estou em uma situação estressante. Ainda preciso manter o autocontrole, mesmo que as coisas ao meu redor estejam falhando. Preciso pilotar o avião.

— Author RJB

Construindo autoconfiança

Para que outros possam ter confiança em você como um líder, você precisa ter confiança em si mesmo. Quando você confia em seus próprios objetivos, conhecimento e julgamento, você pode "pilotar o avião" mesmo quando as coisas estão indo mal.

Isso aconteceu em janeiro de 2009, quando a US Airways voo 1549 perdeu potência logo após decolar do Aeroporto LaGuardia de Nova York. Capitão Chesley "Sully" Sullenberger pousou o Airbus com segurança no Rio Hudson, salvando a vida de todos a bordo. Com anos de experiência e treinamento para situações de emergência, o Capitão Sullenberger tinha a confiança e a coragem para lidar com uma situação crítica que poderia ter sido uma catástrofe. Sua tripulação tinha confiança nele, e ele confiava na tripulação.

Desenvolver a confiança em si mesmo significa reduzir o medo do fracasso e da rejeição. Muitas pessoas evitam tomar medidas, mesmo em coisas que elas querem fazer, porque têm medo de falhar.

O que você deixou de fazer que sabe que iria ajudá-lo em seu trabalho? E em sua vida pessoal? Por que não fez essas coisas? Parte da resposta refere-se a estilo; outra parte é irracional.

Quando algo inesperado ocorre, reagimos como se estivéssemos ameaçados. Um evento, A, que é uma surpresa, aciona nossa crença, B, resultando em um sentimento, C, o que nos leva a fazer alguma coisa, D. Nossos sentimentos guiam nosso comportamento. Quando são positivos, estamos no nosso melhor processo criativo; quando negativo, estamos no nosso pior. Cs e Ds não são o resultado de As, mas de Bs. Crenças que não são de nosso interesse têm palavras como "obrigação" e "dever". Crenças com base em mitos são irreais; elas causam ações impróprias ou inadequadas (Murray, 1993).

Preocupações irracionais também inibem a ação, mesmo quando as piores consequências não são tão ruins. E se você falhar? Seria inconveniente. E se você cometer um erro? Seria inconveniente. E se você é rejeitado? Seria inconveniente. E se você tiver que enfrentar um pouco de dor? Seria inconveniente. Não é terrível, não é uma tragédia, não é o fim do mundo; apenas inconveniente.

Olhe profundamente dentro de si e modifique seus mitos, para que você possa tomar as ações que você sabe que são necessários. Comece com a confiança em fazer o que é certo, e vai construir mais confiança em si mesmo.

Influenciar as outras pessoas envolve habilidades intelectuais e emocionais. Não é fácil no início, mas torna-se simples quando você aprende a ter confiança e a gerenciar suas emoções. Você pode criar a influência pessoal, seguindo um processo bem-definido e duas variáveis de medição. Como a maioria dos processos, este leva tempo para se aperfeiçoar. Agora é a hora de começar.

Lidando com o conflito nas relações

O conflito é inevitável. Como ele é controlado pode unir as pessoas ou separá-las. Mal entendidos, desentendimentos e má comunicação podem criar raiva e distância ou podem levar a relacionamentos mais fortes e a um futuro mais feliz.

Da próxima vez que você lidar com conflitos, tenha estas dicas de comunicação em mente e você poderá criar resultados mais positivos:

Mantenha o foco. Às vezes é tentador ressuscitar velhos conflitos quando lidamos com os novos. Infelizmente, isso muitas vezes atrapalha e torna menos provável encontrar a compreensão mútua e uma solução para o problema atual, além de deixar a discussão toda mais desgastante e confusa. Mantenham o foco no presente, entendam um ao outro e encontrem uma solução.

Ouça com atenção. As pessoas frequentemente pensam que estão ouvindo quando, na verdade, estão pensando no que dizer quando a outra pessoa parar de falar. Comunicação efetiva funciona dos dois lados. Embora possa ser difícil, tente realmente ouvir o que as outras pessoas estão dizendo. Não interrompa. Não fique na defensiva. Ouça ativamente e reflita sobre o que a pessoa está dizendo, para que ele ou ela saiba que você ouviu. Então você vai entender melhor a pessoa e ela estará mais disposta a ouvi-lo.

Tente ver o ponto de vista da outra pessoa. Em conflito, a maioria de nós quer ser ouvido e compreendido. Falamos muito sobre nosso ponto de vista para fazer com que a outra pessoa veja as coisas à nossa maneira. Ironicamente, se todos fizermos isso o tempo todo, há pouco foco na perspectiva da outra pessoa, e ninguém se sente compreendido. Tente ver o outro lado, e então você pode melhor explicar o seu. Se você não entender, faça mais perguntas até que entenda. Outros estarão mais dispostos a ouvir se sentirem-se ouvidos.

Responda a críticas com empatia. Quando alguém se aproxima de você com críticas, é fácil ficar na defensiva. Apesar de críticas serem difíceis de ouvir e muitas vezes exagerados ou coloridas pelas emoções da outra pessoa, é importante ouvir o seu problema e responder com empatia. Além disso, procure o que é verdade no que a pessoa está dizendo; pode ser uma informação valiosa para você.

Aproprie-se do que é seu. Responsabilidade pessoal é uma força, não uma fraqueza. Comunicação eficaz envolve admitir quando você está errado. Se você compartilhar de alguma responsabilidade em um conflito, procure e admita qual é a sua. Isso difunde a situação, serve de exemplo e mostra maturidade. Muitas vezes também inspira a outra pessoa responder da mesma forma, aproximando-os de um acordo.

Utilização de mensagens "Eu". Em vez de dizer coisas como "você realmente estragou tudo aqui", comece suas declarações com "eu" e faça com que elas sejam sobre você mesmo e seus sentimentos — por exemplo, "sinto-me frustrado quando isso acontece". É menos acusatório, provoca menos atitudes defensivas e ajuda a outra pessoa a entender seu ponto de vista, em vez de se sentir atacada.

Procure por compromisso. Em vez de tentar ganhar uma discussão, procure soluções que atendam às necessidades de todos. Um compromisso ou uma nova solução podem dar a ambos o que mais querem, e este enfoque é muito mais eficaz do que uma pessoa conseguir o que quer em detrimento da outra. Comunicação saudável envolve encontrar uma resolução com a qual ambos podem ser felizes.

Dar um tempo. Quando os ânimos inflamam, pode ser difícil continuar uma conversa sem transformá-la numa discussão ou numa briga. Se sentir que você ou outros estão ficando irritados demais para serem construtivos, ou estão usando padrões de comunicação destrutivos, faça uma pausa na discussão até que ambos se acalmem. Às vezes uma boa comunicação significa saber quando fazer uma pausa.

Não desista. Apesar de uma pausa da discussão ser às vezes uma boa ideia, sempre volte ao assunto. Se os dois abordarem a situação com uma atitude construtiva, respeito mútuo e vontade de ver o ponto de vista um do outro, você pode fazer progresso na busca de uma solução para o conflito. A menos que seja hora de desistir da relação, não desista da comunicação.

Não esqueça

- Seus objetivos de comunicação devem ser ganhar um entendimento mútuo e encontrar uma solução que agrade a ambas as partes, não ganhar uma discussão ou estar certo.
- É importante manter o respeito com outras pessoas, mesmo que você não goste de suas ações.

A parte mais crítica de construir e manter relacionamentos é a consciência do seu impacto. Você aprende isso notando os efeitos da sua comunicação, comportamentos e ações. Como os outros respondem? Eles estão ansiosos para participar com você fazendo a diferença no mundo, ou se intimidam de contribuir quando existem oportunidades para se envolver? Aqueles que podem comunicar otimismo para as pessoas ao seu redor inspiram outros. Manifestando esperança, você pode construir relações fortes e confiáveis. As pessoas serão atraídas para se juntar a qualquer esforço que você propuser.

Os dados *versus* a história

O reitor da Universidade do Texas, professor Karan Watson, disse na reunião plenária da Sociedade Americana de Educação para Engenharia de 2010 que dados são necessários para sustentar conclusões e argumentos técnicos, mas não são suficientes. Para vender uma ideia, você precisa de uma história.

Muitas pessoas nos domínios técnicos acreditam que dados são uma história, para a qual a conclusão é óbvia. Esse é um erro que pode atrapalhar o entendimento. Para envolver as outras pessoas, mostre como suas ideias são relevantes. Diga por que uma ação ou uma proposta é importante, qual problema ela resolve, e quais são as implicações de colocá-las em prática ou não. Você ainda precisará de dados, é claro, mas certifique-se de que você tem uma história.

Grupos de especialistas em qualquer campo desenvolvem comunicações de taquigrafia, repletas de palavras e frases que carregam significado para aqueles no grupo, mas não para aqueles que estão fora do grupo. Para comunicar-se efetivamente com audiências mais amplas, use palavras comuns e frases que sejam compreensíveis fora da sua esfera técnica. Você também precisa usar os meios de comunicação adequados.

O professor John Abraham, da Universidade de St. Thomas, utilizou dados de outros especialistas para apresentar um caso de mudança climática global, bem como para estimular o interesse mundial no tópico. Ele foi muito além dos dados e contou a história melhor do que outros. Ele reuniu uma equipe de especialistas para responder rapidamente a informações erradas apresentadas na mídia e está mudando a mente das pessoas — até daqueles que há pouco tempo se negavam a acreditar que estamos enfrentando uma mudança climática global. Como Suzanne Goldenberg escreveu no Manchester Guardian, Abraham e suas duas colegas "são quase como super-heróis da ciência climática, o que, de certa forma, eles são." (guardian.co.uk, segunda-feira, 22 de novembro de 2010)

Na comunicação de sua história, comece com uma compreensão clara da audiência e do local. Qual método de comunicação é melhor — um artigo, um discurso, uma apresentação, uma mensagem de email? Que tal a sua extensão? Você tem dois minutos com um executivo e precisa de um discurso? Você estará vendendo sua história cara a cara e necessita de uma abordagem personalizada? Será uma apresentação para um grande grupo de pessoas com origens variadas, onde você precisa ser sucinto e ainda englobar diversos estilos sociais e grupos de discurso?

Gráficos adequados são um poderoso método de contar histórias. Eles falam a todos os públicos, incluindo profissionais técnicos. Faça uso de comunicações visuais, tais como gráficos e fotos. Ilustrações muitas vezes comunicam dados complexos melhor do que palavras ou tabelas. Alguns dos mais conceituados livros sobre comunicação visual foram escritos por Edward Tufte (Tufte 1983). Ele fornece excelentes exemplos de narração com gráficos, incluindo um que mostra a invasão de Napoleão na Rússia de 1812, em uma única imagem (ver figura 12.1). Provavelmente, o melhor gráfico estatístico já desenhado, o mapa, por Charles Joseph Minard, retrata as perdas sofridas pelo exército de Napoleão. Começando na fronteira polaco-russa, a banda larga mostra o tamanho do exército em cada posição. O caminho da retirada de Napoleão de Moscou no frio do inverno é retratado pela banda inferior escura, que é vinculada a temperatura e escalas de tempo.

Use a voz ativa

Muitos profissionais técnicos aprendem a escrever em voz passiva. Isto vem de uma convenção acadêmica em que o agente é menos importante que o evento descrito. A voz ativa, porém, transmite maior confiança, credibilidade e poder. Por exemplo, "realizamos um teste" soa melhor que "um teste foi realizado." A voz ativa assume a responsabilidade, independentemente de receber crédito ou de ter culpa.

Construir relacionamentos fortes é um requisito essencial para você alcançar a excelência profissional, ganhar a satisfação pessoal e fazer diferença. Ninguém pode fazê-lo sozinho. Para construir relacionamentos, você precisa aprimorar suas habilidades de escuta e desenvolver uma gama de habilidades de comunicação, sabendo quando cada uma é apropriada e como utilizá-la de maneira eficaz. Como salientamos, para alcançar seus objetivos, tudo que você precisa fazer é ajudar as outras pessoas a alcançar os delas.

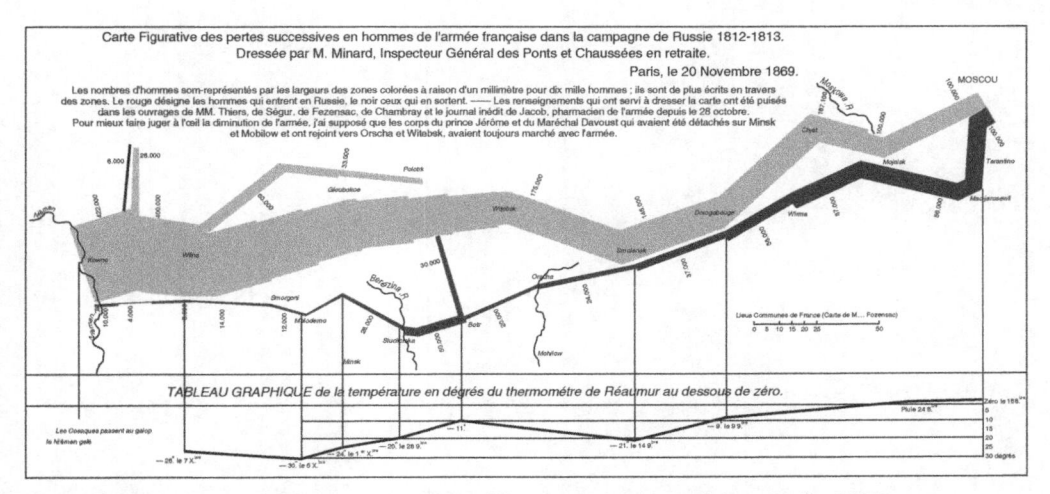

FIGURA 12.1 Exemplo de comunicação gráfica em temas complexos (Tufte 1983).
Reimpresso com permissão de Edward R. Tufte, The Visual Display of Quantitative Information (Cheshire, Connecticut, Graphics Press LLC, 1983, 2001).

Reflexões sobre o Capítulo 12

1. Como você descreveria suas práticas de comunicação?
2. Como você envolve outros ou compartilha suas ideias a fim de engajá-los em suas ideias, planos e/ou visão?
3. Que áreas da sua construção de relacionamentos você quer melhorar e desenvolver mais?
4. Como fará isso? Seja específico na área que você deseja desenvolver.
5. Que líderes você conhece que têm a capacidade de atrair as pessoas para suas visões e ideias?
6. O que você percebe em seus comportamentos e ações que são atraentes para você e para as outras pessoas?
7. Quais são seus dons e talentos na construção de relacionamentos confiáveis e fortes?
8. Como você exercita seus dons e talentos em fazer a diferença?
9. Que tipo de feedback as pessoas lhe dão sobre seus pontos fortes na construção de relacionamento?

PARTE

4

Por que o mundo precisa de você

Nesta seção, discutimos a ampla necessidade de profissionais das área de ciências, tecnologia, engenharia e matemática (STEM) para lidar com as grandes questões deste século. Essas pessoas são excepcionalmente qualificadas para serem líderes num mundo cada vez mais complexo em termos tecnológicos. Descrevemos a obrigação ética com a qual um cientista ou engenheiro se compromete, e o que significa levar a sério essa obrigação. Observamos o significado de liderança e como ele se alinha com as necessidades do nosso futuro. Falamos para a demanda global por inovação e inovadores e mostramos como cientistas e engenheiros desempenham papéis fundamentais na liderança do processo. Finalmente, exploramos a sustentabilidade da prática de liderança e esboçamos como um líder com perspectivas ampliadas pode trabalhar de forma colaborativa com outras pessoas para trazer soluções para um mundo que precisa deles.

CAPÍTULO

13

A vocação para a liderança

Durante o século XX, ocorreu uma quantidade realmente incrível de avanços técnicos que alteraram a vida das pessoas para sempre. Estes começaram como ideias e sonhos e viraram realidade graças a pioneiros que dedicaram suas vidas a melhorar a condição humana. Esses cientistas criativos e inovadores e engenheiros mudaram nossas vidas individuais e alavancaram suas invenções para beneficiarem toda a nossa sociedade.

A Academia Nacional de Engenharia publicou uma lista das 20 maiores realizações de engenharia do século passado (Constable and Sommerville, 2005). Esta lista demonstra como os avanços de engenharia baseados na ciência afetaram a forma como vivemos. As 20 principais realizações são as seguintes:

1. Energia Elétrica
2. Automóvel
3. Avião
4. Abastecimento e distribuição de água
5. Eletrônica
6. Rádio e televisão
7. Mecanização da agricultura
8. Computadores
9. Telefonia
10. Ar condicionado e refrigeração
11. Estradas
12. Nave espacial
13. Internet
14. Imagens
15. Eletrodomésticos
16. Tecnologias de saúde
17. Tecnologias de petróleo e petroquímicas
18. Lasers e fibras ópticas
19. Tecnologias nucleares
20. Materiais de alto desempenho

Apesar desses avanços, muitos problemas humanos e técnicos ainda precisam ser resolvidos. A indústria e a academia identificaram 13 questões importantes que exigem soluções de ciências e engenharia no século XXI; muitas estão correlacionadas com os desafios Grand Challenges for Engineering (National Academies NEWS, 15 de fevereiro de 2008), da Academia Nacional de Engenharia (NAE), listadas na próxima página.

Estas questões foram desenvolvidas num projeto que durou 14 meses. O NAE reuniu um Comitê Internacional selecionado para avaliar ideias sobre os maiores desafios e as maiores oportunidades para a engenharia.

Em outra iniciativa, entre as principais questões para o século XXI identificadas no Instituto de Reitores de Engenharia em 2006, estão

- Questões demográficas: população, educação, alimentação, pobreza e doença
- Gestão dos recursos naturais: energia, água e o meio ambiente
- Globalização: democracia
- Infraestrutura: transporte e comunicações
- Segurança: terrorismo e guerra
- Tecnologias revolucionárias: muitas áreas da biologia, nanotecnologia, etc.

Já a Academia Nacional de Engenharia publicou os 14 grandes desafios para este século, incluindo a energia limpa, a captura de dióxido de carbono, contramedidas para problemas do ciclo do nitrogênio e engenharia reversa do cérebro. Essas são algumas das questões importantes que os engenheiros e cientistas precisam abordar, assim como as soluções pelas quais serão responsáveis. É no seu próprio interesse estratégico que você entende plenamente essas questões e seu papel na gestão delas. A qualidade de vida na Terra dependerá disso. Aqui está a lista completa:

1. Energia limpa
2. Fusão nuclear
3. Captura do dióxido de carbono
4. Contramedidas para problemas do ciclo do nitrogênio
5. Qualidade e quantidade de água
6. Engenharia reversa do cérebro
7. Catálogos computadorizados de informações de saúde
8. Desenvolvimento de novos medicamentos
9. Combate à violência dos terroristas
10. Sustento da infraestrutura cada vez mais antiga de cidades e serviços
11. Métodos melhorados de instrução e aprendizagem
12. Realidades virtuais criadas no computador
13. Promoção da exploração
14. Redução da vulnerabilidade a ataques no ciberespaço

Conforme observou o Dr. Joe Ling, o ex-executivo da 3M responsável pelo Programa de Prevenção da Poluição Paga e membro da Academia Nacional de Engenharia:

- As questões ambientais são emocionais.
- As decisões ambientais são políticas.
- As soluções ambientais são técnicas.

Não apenas as questões seguem esse formato, mas também todas as principais questões do século XXI. Qualquer nova iniciativa encontra resistência, simplesmente porque é difícil mudar. Os cientistas e engenheiros precisam ficar fortes para reconhecer os aspectos emocionais e políticos dessas questões e para nos levar na direção de soluções técnicas para os nossos problemas. O futuro do nosso mundo é importante demais para deixar tão grandes decisões para os desinformados e para aqueles que não estão dispostos. A longo prazo, essas áreas representam nosso bem-estar social e econômico, que também significa oportunidades de grandes negócios. Quanto mais cedo isso acontecer, melhor.

Isso significa funções importantes e recompensas potenciais para novos cientistas e engenheiros. Mas a imagem tradicional de profissionais técnicos não é empolgante para muitas pessoas do público, especialmente para jovens estudantes. Considerando-se as oportunidades nas ciências e na engenharia para melhorarem a condição humana, é importante mudar essa imagem.

A Academia Nacional de Engenharia divulgou um estudo chamado Changing the Conversation (Academia Nacional de Engenharia, 2008). Esse estudo, que durou 18 meses, diz respeito à imagem pública das ciências, da tecnologia, da engenharia e da matemática (STEM), especialmente da engenharia. Essa publicação demonstra o pensamento com o "lado direito do cérebro" *versus* o pensamento com o "lado esquerdo do cérebro" e fornece informações valiosas sobre como conseguir envolver estudantes, pais e público para abraçar as áreas de STEM. Em grupos de foco realizados durante a pesquisa para este livro, uma das frases que ressoou entre pais e alunos foi "Engenharia... porque é preciso realizar sonhos".

Qual função você deve exercer, como profissional técnico, para estimular o interesse dos seus jovens estudantes pelo STEM? Como você pode promover a alfabetização tecnológica para o público em geral?

Os cientistas e os engenheiros — na verdade, todos os profissionais técnicos — precisam assumir funções de liderança por muitas razões. Ao demonstrarem como a tecnologia pode melhorar nossas vidas e nossa economia, tornam-se modelos visíveis, mostrando aos jovens por que eles devem dedicar mais atenção às áreas STEM, para que possam realizar sonhos — inclusive os seus próprios. Você também tem uma obrigação ética. Você pode ter buscado uma educação técnica porque viu as possibilidades de melhorar a vida das pessoas através do seu trabalho. Por exemplo, o projetista de uma ponte, de um prédio, ou de um marca-passo deve examinar cada decisão para futuras consequências negativas potenciais. É por isso que muitos programas de engenharia fazem com que os alunos participem da cerimônia de "Ordem do Engenheiro", em que os alunos fazem um juramento para usarem o que aprenderam em benefício da humanidade. Por tradição, cada estudante recebe um anel, originalmente feito de aço da Ponte de Quebec, que fracassou em 1907 e inspirou o juramento e a cerimônia.

Obrigação do engenheiro

A obrigação do engenheiro (veja apêndice) requer que eles se tornem gerentes de vastos recursos de material e energia da natureza. Eles deverão usar esses recursos em benefício da humanidade, praticar integridade e negociação justa, tolerância e respeito e participar apenas de empresas honestas. Eles deverão dar a sua habilidade e seu conhecimento sem reservas para o bem público e se dedicar ao máximo para realizar esses objetivos.

Apesar de projetada para engenheiros, essa declaração se aplica igualmente a todos aqueles que estudam ciências, tecnologia, engenharia e matemática. Aplica-se a você e a outros profissionais técnicos. Para dar o seu melhor, você deverá desenvolver e exercitar capacidades de liderança. É assim que você poderá demonstrar sua paixão e sua coragem para fazer diferença.

Quando escolhemos profissões, a maioria de nós pensa nos nossos heróis. Encontramos pessoas que admiramos e tentamos imitar seu comportamento. Eles podem ser capitães setoriais, líderes políticos ou sociais poderosos ou atletas famosos. Geralmente, esses heróis são outras pessoas, não nós mesmos.

Conforme Parker Palmer escreveu em Let Your Life Speak (2002), "nossa vocação mais profunda é nos transformarmos na nossa própria individualidade autêntica". Mas não nos ensinam a olharmos para dentro para obter soluções. O conceito que nos engana é o da vocação: a ideia, às vezes referida como um chamado", de que a razão da nossa existência está dentro de nós mesmos. Trata-se de uma correspondência da paixão que temos com as maiores necessidades das outras pessoas. Lembre-se da afirmação de Buechner (1993), mencionada no Capítulo 9: "Somos chamados para o lugar onde nossa alegria profunda se encontra com o profundo desejo do mundo."

Há alegria em desenterrar nossas verdadeiras personalidades e identificar como podemos contribuir para o bem maior. Nós complicamos nossas vidas com coisas superficiais, mas o que nossos pais e avós nos ensinaram ainda é verdade, que as coisas mais importantes na vida não são coisas. São a honestidade, o serviço, a compaixão e a partilha. Engenheiros e cientistas que desenvolvem suas habilidades de liderança podem experimentar a satisfação pessoal de compartilharem conhecimentos valiosos, o reconhecimento público de fazer contribuições úteis e as recompensas profissionais de trazer novas ideias para a vida.

William Wulf, ex-presidente da Academia Nacional de Engenharia, afirmou que para os engenheiros e cientistas americanos competirem numa economia global, temos que ser mais inovadores. De acordo com ele, inovação e criatividade são uma questão de juntar ideias que já existem, mas que nunca tinham sido relacionadas antes. Ele também observou que uma população científica e de engenharia mais diversa aumenta a variedade de ideias originais e, portanto, o potencial de inovação. O poder dessa ideia é enorme e explica por que as equipes são tão importantes.

As chamadas para a liderança estão por toda parte. Nós só precisamos dar ouvidos a elas. Uma vez que possamos ouvir e reconhecer essas chamadas, devemos estar prontos para respondermos como líderes competentes, inovadores e autênticos que têm as competências técnicas, a paixão e a coragem para fazerem uma diferença. Como a inovação e a criatividade são habilidades de liderança e como muitos dos problemas que enfrentamos exigirão soluções técnicas, profissionais técnicos têm a oportunidade e a obrigação de agir.

Às vezes, o chamado é fraco. Pode vir de dentro de você e o significado pode ser sutil. Não estamos acostumados a olhar para dentro para procurarmos respostas, e a atividade e o barulho da vida diária podem nos distrair do nosso chamado. Você pode estar lutando com o equilíbrio entre ação e reflexão se ele ainda parece estranho. Uma vez que você escolha reagir, você deverá estar disposto a abandonar hábitos confortáveis e encarar perguntas desafiadoras. A vida se tornará mais complicada — mas mais gratificante e agradável — quando você reagir a esse chamado.

Lembre-se de que liderar não está relacionado com cargo. É uma questão de coragem, persuasão e confiança. Você pode liderar a partir de qualquer lugar na sua organização, com grupos pequenos ou grandes. No entanto, para ser eficaz, você precisa da paixão e da confiança que trazem consigo a coragem de se expressar e empolgar seus colegas. E você deve ser autêntico, fiel à suas próprias crenças. Uma definição esclarecedora de um líder é alguém que o levará a um lugar onde você não iria sozinho.

Suas funções como líder técnico são promover a inovação, envolvendo cada um em sua organização a levarem adiante suas ideias e construir um ambiente seguro e bem-vindo para o compartilhamento e combinando essas ideias em novas abordagens criativas. Como profissional e líder, você deverá ajudar as outras pessoas a avaliar e priorizar as melhores ideias e a tomar a iniciativa de agir sobre elas.

Como você está bem equipado para avaliar ideias, esse tipo de responsabilidade está bem dentro da sua especialidade. Você está excepcionalmente qualificado para liderar a inovação. Ao mesmo tempo, você foi treinado como uma especialista no assunto e tornou-se qualificado em seu domínio técnico. Você provavelmente é visto como o especialista em algum aspecto de seu trabalho. Isso representa tanto habilidade quanto responsabilidade.

Para se tornar líder, você deverá ir além de seus conhecimentos especializados e se tornar um generalista. De acordo com Carol Jacobs, "você deve se especializar em se tornar um generalista". Você terá que desenvolver um ponto de vista de sistemas, colocando sua perícia técnica em perspectiva, dentro de um contexto mais amplo. Você precisará entender como suas decisões afetam as outras pessoas e o projeto maior e ser capaz de ter empatia com seus colegas, as partes interessadas e os clientes.

O processo de desenvolver novas formas de pensar sobre suas escolhas, suas decisões e seu ambiente é muito parecido com uma águia jovem aprendendo a voar. Águias adultas são uma alegria de se assistir. Elas são graciosas quando estão voando, impressionantes na aparência e boas caçadoras. Águias jovens não têm todas essas características. São estranhas ao aprenderem a voar e reclamam em voz alta quando seus pais as forçam a aprender, especialmente sobre caçar e molhar os pés. E realmente reclamam quando são empurradas para fora do ninho e são obrigadas a terem seu próprio lugar. Elas treinam sem parar quando aprendem a voar, caçar e criar suas próprias vidas. Eventualmente, tornam-se especialistas, crescendo em termos de maturidade e independência, desenvolvendo a autoconfiança e tornando-se adultas. Assim como as águias fazem, você passará por momentos estranhos enquanto estiver aprendendo a liderar. Com a prática, no entanto, você também se transformará num líder maduro, independente e autoconfiante.

Seu sucesso será uma inspiração para outras pessoas. Você não é a única pessoa que quer ter sucesso e você se beneficiará ainda mais quando outras pessoas o acompanharem no desenvolvimento das suas habilidades de liderança. Provavelmente você veja quem mais está pronto para voar. Envolva essas pessoas numa conversa para que elas assumam novas funções e alguns dos desafios que já estão na sua frente.

Todos nós queremos ser produtivos e fazer diferença. Muitas vezes, suas ideias e abordagens parecem melhores do que as que estão sendo perseguidas. Se você acreditar que tem uma abordagem melhor, você precisará tornar suas ideias visíveis, se comunicar e construir o apoio de outras pessoas. Com um grupo de apoio forte, você e suas ideias poderão aprender a voar.

Reflexões sobre o Capítulo 13

1. Quais desafios do século XXI despertam sua imaginação e sua paixão?
2. O que pode você fazer para buscar esses interesses mais plenamente?
3. Como sua visão se alinha com os Grandes Desafios citados neste capítulo?
4. Como você vê seus esforços contribuindo para alguns desses?
5. Quais outras necessidades se adaptam aos seus interesses?
6. Quais chamados estão à espreita lá no fundo, dentro de você?
7. Como poderá trazer à tona esses chamados, para que eles se tornam parte do seu roteiro à frente?
8. O que o está impedindo de voar — de ir atrás de seus sonhos?

CAPÍTULO

14

Perspectivas ampliadas

Os desafios foram colocados diante de você. Você está pronto para abrir a mente e ampliar o seu pensamento?

Se não mudarmos o rumo, caminhamos para um mundo com pressão populacional e pobreza cada vez maiores, de grande potencial de conflitos sociais e políticos, guerras oficiais e oficiosas, escassez de comida, água e energia, agravamento da poluição rural, urbana e industrial, destruição ainda maior da camada de ozônio e aceleração da mudança climática, perda continuada de oxigênio da atmosfera e uma redução acelerada da biodiversidade. Também corremos o risco de mega catástrofes provocadas por acidentes nucleares e pelo vazamento de lixo nuclear, inundações e tornados devastadores, acelerados pela mudança climática e problemas generalizados de saúde devido a catástrofes naturais, bem como a acumulação de toxinas no solo, ar e água (Laszlo, 2008). Não é aonde queremos chegar.

Existe um consenso generalizado de que estamos perto de um ponto de virada, e há relativamente pouco tempo para corrigir o equilíbrio entre as pessoas, o planeta e o lucro. Malcolm Gladwell (2002) dedicou um livro inteiro à ideia de que a mudança acontece da mesma forma que vírus se espalham, como uma epidemia. Existem padrões perceptíveis, sendo que um deles é a presença de comportamento contagioso. O segundo padrão é que pequenas mudanças levam a resultados proporcionalmente maiores. O terceiro padrão é que as mudanças acontecem rapidamente. Não é necessário muito tempo para desenvolver um resultado dramático. Mudança epidêmica é o resultado de um sistema dinâmico e complexo, no qual as causas e os efeitos não estão facilmente conectados. Esse tipo de mudança dramática deve ocorrer em no máximo 40 anos para reequilibrarmos o nosso mundo complexo.

Descobertas recentes na física mudaram a maneira pela qual achamos que as coisas funcionam. Nossa visão de movimento, tempo e espaço, matéria, tudo isso foi virado do avesso pela incerteza, pela relatividade e pelo caos. Ray and Anderson (2000) falam de criativos culturais — uma cultura emergente, aproximadamente 23% da população adulta dos Estados Unidos com uma visão holística que inclui tanto o domínio moral quanto o científico. Seus valores incluem aprendizagem em vez de entretenimento, participação ativa na cultura e nas artes, autenticidade na vida e o consumismo seletivo e consciente. Suas perspectivas são holísticas e eles desejam ter um efeito sobre a cultura — seja sua escolha de alimentos ou suas opiniões sobre crescimento interior ou seu equilíbrio entre trabalho e diversão. Você é um desses criativos culturais? Como você descreve sua visão do mundo? Como isso está mudando à medida que você avalia o futuro e seu papel nele?

Visões de mundo afetam o comportamento humano, e a forma como nos comportamos afeta o mundo ao nosso redor. A visão de mundo científica é comparativamente significativa e sofreu uma mudança drástica durante o século XX. O ideal da ciência física de exatidão matemática e previsibilidade, conforme Galileu, Newton e seus herdeiros elaboraram, passou por uma transformação incrível no século XX, quando a cosmologia do Big Bang substituiu um universo em expansão e instável pela máquina do mundo de Newton.

— William McNeill

Nossos líderes em desenvolvimento foram expostos aos principais pensadores e teóricos, que escrevem e falam sobre desafios globais e as implicações sociais da mudança dramática. Esses líderes foram desafiados a pensar qual tipo de pensamento e liderança é necessário para trazer soluções para nossas comunidades e nosso planeta e para garantir um futuro para as próximas gerações.

As perguntas relevantes incluem: será que estou repensando paradigmas antigos? Será que a minha perspectiva está sendo aprimorada e expandida, ou será que parece que estou sendo arrancado das minhas bases? Essas experiências foram feitas para serem provocativas. Esperava-se que esses líderes emergentes questionassem suas mentalidades e intencionalmente reformulassem algumas que talvez eles pensassem antes. Esse processo deliberado de aprendizagem levou muitos a ampliarem suas visões de mundo ao longo do tempo.

Mary Rosen falou das suas experiências de ser provocada a refletir a partir de um lugar totalmente novo: "gostei de algumas das nossas discussões 'repletas de liderança' relacionadas com o ato de pensar sobre a nossa fonte de inspiração e a essência criativa de quem somos. Fiquei muito impressionada com a ideia do ponto cego de Otto Scharmer e como eu posso acessar mais disso à medida que eu me permito ir e vir no pensamento sobre novas criações e possibilidades. Quero que a minha jornada de liderança me leve no sentido deste grande esclarecimento. A citação de Bill O'Brien, 'o sucesso de uma intervenção depende da condição interior do interveniente', é muito significativa para mim".

Estrutura de atenção

A liderança eficaz depende da qualidade da atenção e da intenção que um líder traz a qualquer situação. Dois líderes nas mesmas circunstâncias podem gerar resultados completamente diferentes, dependendo do espaço interno em que cada um opera. Muitas vezes não enxergamos essa dimensão de liderança e mudança transformacional. Este "ponto cego" existe em nossa liderança coletiva e nas nossas interações diárias. Vem de dentro e não é visto nem ouvido. Para ser eficaz, é preciso entender o espaço interno de onde estamos operando. Otto Scharmer (2009), do MIT, identificou quatro "estruturas de atenção" que resultam em quatro formas diferentes de funcionamento (veja a Figura 14.1). Cada campo tem uma perspectiva de amplitude e profundidade maior do que o outro.

Scharmer argumenta que toda verdadeira inovação na ciência, negócios ou sociedade depende de acessar o conhecimento interior da pessoa, não de fazer "download". Isto exige ouvir, observar e refletir para permitir o surgimento do conhecimento interno.

Campo	Micro:	Meso:	Macro:	Mundo:
Estrutura de Atenção	PENSAMENTO (Indivíduo)	CONVERSÃO (Grupo)	ESTRUTURAÇÃO (Instituições)	COORDENAÇÃO DO ECOSSISTEMA (Sistemas Globais)
Campo 1: Operar a partir da individualidade antiga – mundo	Escuta 1: Download, hábitos de pensamento	Downloading: Falar gentilmente, cortesia, repetir a regra	Centralizada: Burocracia da Máquina	Hierarquia: Plano central
Campo 2: Operar a partir da coisa atual	Escuta 2: Fatual, focada no objeto	Debate: Falar duro, revela regra	Descentralizada: Forma uma divisão	Mercado: Concorrência
Campo 3: Operar a partir da sua individualidade atual	Escuta 3: Escuta empática	Diálogo: Investigar, refletir a regra	Em Rede: Relacional	Diálogo: Ajuste Mútuo
Campo 4: Operar a partir da maior possibilidade futura que está querendo surgir	Escuta 4: Escuta generativa	Presenciar Criatividade coletiva, fluxo, gerar regra	Ecossistema Ba (a palavra japonesa para lugar)	Presença Coletiva: Ver a partir do todo emergente

FIGURA 14.1 Como a estrutura da atenção determina o caminho da emergência social agregada (Scharmer, 2008).

Fonte: Reimpresso com permissão do editor de Theory U: Leading from the Future as it Emerges, © 2009 by Otto Scharmer, Berrett-Koehler Publishers, Inc., San Francisco, CA. All rights reserved. www.bkconnection.com

Ele sugere que este é o trabalho duro da liderança. Começa com a criação de um espaço convidativo às outras pessoas, depois a escuta atenta do que a vida está dizendo. Isto também exige aprender a suspender a voz do julgamento que costuma estar ligada ao passado. Quando você conseguir soltar e criar um espaço de investigação e reflexão, você faz uma abertura para possibilidades futuras maiores. Estabelecer este lugar de reflexão exige uma prática rigorosa num ambiente e numa mente ocupados, mas traz consigo a oportunidade para o surgimento da criatividade profunda.

Kirk Kanter, falou sobre sua consciência de como o tempo de reflexão é fundamental: "aprendi que dedicar um tempo para refletir sobre diversas situações realmente ajuda. Estou dedicando um tempo para manter um diário que me permita capturar meus sentimentos, meus pensamentos e minhas possíveis novas ideias, não deixá-las escapar. Faço isto diariamente durante minhas rotinas de café da manhã e tem me ajudado a me abrir para novas possibilidades no meu dia de trabalho normal. O interessante sobre esse diário é que, se eu sentir que minha mente está cheia e não conseguir pensar direito, escrever coisas parece liberar minhas emoções ou pelo menos me deixa continuar com elas. É engraçado como isso funciona".

Considere os desafios do nosso século. Você está aberto a novas possibilidades, caminhos e práticas que possam ajudá-lo a assumir e resolver problemas relacionados? Aqueles com visão e ideias criativas que também entenderem as bases técnicas dos problemas serão promovidos a líderes. É por isso que seu papel é tão importante. Sua perícia e liderança serão fundamentais para influenciar um grupo através do diálogo, da escuta generativa e de outras práticas que refletem métodos inovadores.

Ao longo de toda a história, os problemas técnicos foram resolvidos por pessoas com ideias novas, baseadas na ciência, desenvolvidas pela engenharia e habilitadas pela tecnologia e pela matemática.

A ciência tem a ver com descoberta, aprender sobre a natureza fundamental da biologia, física e química no núcleo do nosso mundo. Engenharia tem a ver com inovação usando a ciência, com o desenvolvimento de princípios fundamentais de construção e criação de tecnologias que permitem que os seres humanos realizem mais do que conseguem sem essas ferramentas. Tecnologia é o que os engenheiros criam com seu entendimento da ciência. A matemática é a linguagem que os cientistas e engenheiros usam quando precisam comunicar ideias complexas de uma forma clara e concisa.

Lembre-se das afirmações do Dr. Joe Ling, no Capítulo 13: "As questões ambientais são emocionais. As decisões ambientais são políticas. As soluções ambientais são técnicas". Não só você terá que lidar com as questões técnicas, mas também terá que liderar ao se comunicar de maneira eficaz com aqueles que não tenham conhecimento técnico para influenciar os aspectos emocionais e políticos. Um exemplo recente disso é o trabalho do Dr. John Abraham, quando examinou a questão da mudança climática global:

Em outubro de 2009, Christopher Monckton, político britânico e ex-editor de jornal, deu uma palestra numa faculdade de Minnesota na qual afirmou que não havia prova científica da mudança climática global. Depois de ouvir a palestra, Dr. John Abraham, da escola de engenharia da Universidade de St. Thomas, ficou curioso. Ele descobriu que Monckton fundamentou seu argumento em nove pontos.

Abraham não achou justificáveis as ideias apresentadas por Monckton, então começou a investigar — usando princípios e métodos científicos. Entrou em contato com vários especialistas do mundo em cada um dos pontos, construiu um argumento sólido, criou uma apresentação e a colocou na Internet. O site está listado na bibliografia.

Abraham mostrou que estava baseada na pesquisa científica saudável, e ele convidou qualquer pessoa a apresentar provas que sustente as afirmações de Monckton.

No processo, ganhou apoio mundial de especialistas em mudança climática. Dois deles se juntaram a Abraham para criar uma "equipe de resposta rápida" para qualquer pessoa que queira validar afirmações a respeito de mudanças climáticas globais. Esse grupo também preparou um documento abrangente para o Congresso dos EUA, para que os líderes legislativos possam agir de acordo com fatos, não com mitos.

Esse é um exemplo notável de um profissional técnico que se apresentou, foi ouvido e assumiu um papel de liderança. Abraham e os seus colegas não estão fazendo isso por fama ou fortuna, mas porque é a coisa certa a fazer. Esse tipo de missão requer coragem e paixão — mas, como Abraham sabe, precisa ser feito.

Quais outras questões precisam de ação e o que você se sente impulsionado a fazer sobre elas?

Para fazer diferença no mundo, você precisa sair do ambiente seguro da sua disciplina técnica. Você precisa reconhecer as grandes questões e as implicações da sua especialidade e assumir uma perspectiva de sistemas, em que tudo seja interligado e interdependente. Pergunte a você mesmo como sua capacidade inata, seu treinamento técnico, suas crenças e paixões o tornam apto a resolver estes problemas — ou a reunir uma equipe para resolvê-los. O que John Abraham fez para se tornar o catalisador para especialistas em mudança climática global e como sua iniciativa levou a uma consciência generalizada dos fatos desta questão? Reserve o tempo, agora, para ver sua apresentação e o link fornecido no apêndice.

Como profissional técnico, você tem as habilidades técnicas necessárias para resolver problemas — e obrigações éticas, pessoais, corporativas e educacionais de ajudar. Muitas profissões da área de engenharia têm padrões éticos e declarações (por exemplo, o Instituto Nacional de Ética na Engenharia e a Sociedade Americana de Engenheiros Mecânicos – veja a bibliografia). O assunto também é importante nas ciências (por exemplo, na física). Cada profissão técnica tem uma declaração de ética ou política. O mais conhecido é o juramento de Hipócrates dos médicos de "não fazer mal".

Outras profissões têm juramentos, assim como campos de engenharia. Provavelmente o mais sucinto deles seja o juramento de engenharia intitulado Obrigações do Engenheiro (veja o apêndice). Essa declaração convoca os engenheiros a serem justos no seu tratamento, preservarem os recursos preciosos da natureza e servir ao interesse público. É claro que preservar os recursos limitados da Terra é fundamental para a sustentabilidade. O profissional técnico tem o dever de usar energia, material e recursos humanos com inteligência.

Servir ao interesse público é o núcleo de uma sociedade. Nós só poderemos cumprir essa obrigação se virmos nossas ações em termos de seus efeitos sobre todos, não apenas sobre nós mesmos, nossa comunidade ou nossa nação.

Comportamento ético leva ao sucesso

O comportamento ético também leva ao sucesso. Uma pesquisa mostra que empresas com práticas éticas têm melhor desempenho financeiro (Weimerskirch, 2006). Em sua apresentação, Weimerskirch mencionou a pesquisa que James Mitchell citou em The Ethical Advantage (2001), baseada no trabalho de John Kotter e James Heskett (1992), que realizaram uma pesquisa usando um conjunto de características desenvolvidas para enfatizar as preocupações de todas as partes interessadas. Eles identificaram empresas que apresentavam essas características, as compararam com os seus concorrentes setoriais e descobriram que suas ações eram mais valorizadas. A pesquisa mostrou que as empresas com cultura de preocupação com as partes interessadas têm desempenho melhor do que as empresas sem essa cultura. Por mais de 11 anos, nessas empresas:

- A receita cresceu 682% *versus* 166%.
- A força de trabalho aumentou 282% *versus* 36%.
- A renda líquida aumentou 756% *versus* 1%.
- O preço das ações aumentou 901% *versus* 74%.

Você provavelmente já ouviu o termo sinergia, usado para descrever o princípio de que um todo pode ser maior que a soma das suas partes. Ver este princípio em ação é impressionante. Peter Senge (2004) o discute no contexto de uma comunidade de aprendizagem "onde as pessoas continuamente expandem sua capacidade de criar os resultados que elas realmente queiram, onde padrões de pensamento novos e expansivos são nutridos, onde a aspiração coletiva é libertada e onde as pessoas estão sempre aprendendo a verem o todo em conjunto". Quando isso acontece, um grupo de dois ou três pode produzir o resultado de muitos por causa da ressonância coletiva que inspira a comunidade a alcançar novas alturas.

A ressonância coletiva exige diálogo aberto entre os participantes do grupo. O mesmo tipo de sinergia precisa acontecer entre os líderes, se quisermos criar uma mudança significativa. Para ir em direção à aprendizagem e à escuta generativas, onde um grupo pode operar a partir de sua mais alta possibilidade futura, os líderes devem efetivamente transformar suas conversas de debate em inquérito profundo através do diálogo. Essa criatividade coletiva permite "encontrar flow", conforme descrito na pesquisa de Mihaly Csikszentmihalyi sobre experiências extremas. A chave, de acordo com Csikszentmihalyi (1997), é nos desafiarmos com tarefas que exigem muita habilidade e muito compromisso. Em resumo, podemos aprender a alegria do envolvimento completo através da experiência de grupo.

O Dr. William Wulf (2006) descreve a criatividade como sendo o ato de tomar duas ideias existentes e combiná-los de um jeito novo. À medida que o tamanho do grupo aumenta, também aumenta a quantidade de ideias. Ainda mais poderoso, a variedade de ideias é reforçada através da formação de grupos de diversas origens — diversidade não apenas étnica, mas também de faixa etária, geográfica, social, educacional ou qualquer outro tipo. A combinação de ideias possíveis a partir de um grupo diversificado e criativo é estarrecedora. Quando colocado junto num ambiente aberto e estimulante, isso gera ímpeto e oportunidades para inovação.

Se você já tiver trabalhado numa equipe multifuncional, talvez você já tenha visto isto. Líderes emergentes costumam comentar que equipes com membros variados geram uma variedade maior de ideias e de soluções criativas.

Num dos últimos grupos de diálogo do programa de liderança, estudantes comentaram sobre a rica discussão que resultou de ter um grupo variado: ele tinha membros da Europa Oriental, do Oriente Médio, da China, da Venezuela e de várias regiões da América do Norte. Essas pessoas trouxeram perspectivas de diferentes culturas, origens e experiências, ajudando a expandir todas as visões de mundo. O diálogo resultou numa experiência de "ressonância coletiva" que aumenta a energia positiva no grupo, movendo todos em direção a um objetivo comum.

> Um dos líderes disse que "essa foi uma experiência realmente profunda e rica para escutar profundamente a variedade de opiniões e perspectivas. Todo mundo estava tão genuinamente interessado em aprender com as ideias uns dos outros e o tempo pareceu passar muito rapidamente. Foi ótimo quando o grupo pediu uma hora extra para ampliar o diálogo. Aprendi muito com o grupo, e ficou claro que todo mundo estava se sentindo assim".

Servindo ao interesse público

À medida que você refletir sobre as crenças que informam sua visão do mundo, procure as razões pelas quais você escolheu uma carreira técnica. Para alguns dos nossos líderes, foi o interesse no potencial da ciência de melhorar a condição humana. Eles tinham visto novos medicamentos salvarem vidas e novos materiais melhorarem o desempenho das máquinas. Para alguns, foi consertar os danos causados pelo uso indevido de descobertas científicas: produtos químicos sintéticos que afetaram negativamente a vida selvagem, energia nuclear que tinha sido mal aplicada e projetos de construção equivocada que devastaram bairros inteiros.

Muitas vezes a atração inicial foi que um assunto era interessante, divertido e desafiador. À medida que esses líderes amadureceram, eles viram que eles poderiam fazer diferença e focar a ciência na melhoria do mundo. Eles passaram a adotar a ideia de que não são os donos da terra, mas seus mordomos para gerações futuras.

> Steven Maxwell contou sua narrativa sobre como o seu projeto de aprendizagem o inspirou a estender além do seu local de trabalho imediato. "Meu projeto de aprendizagem de ação trouxe equilíbrio à minha vida, significado ao meu trabalho e uma abordagem de liderança servil ao meu estilo. Tenho uma incrível sensação de realização ao atuar como voluntário na sala de emergência do Fairview Southdale, bem como na Associação Americana de Doença de Parkinson. Essas atividades voluntárias relacionadas com os cuidados com a saúde permitem que eu valorize mais os dispositivos que eu projeto e melhoro no meu local de trabalho. Ver uma guia de estímulo neurológico ou um fio-guia, semelhantes aos que projetei, contribuindo para que pessoas possam ter uma vida mais feliz e mais saudável é muito poderoso. Isso torna muito mais fácil ir trabalhar e pensar de maneira inovadora sobre melhorias dos dispositivos médicos. Ajudar os outros também me dá uma sensação de satisfação e apreço pela vida impossível de descrever em palavras".

Uma pesquisa da Fundação da Ciência Nacional mostra uma influência forte de educação técnica, mesmo entre aqueles que acabam seguindo carreiras fora da ciência, engenharia e tecnologia. Um relatório conclui "independentemente de buscar títulos adicionais ou trabalharem numa profissão ciência e engenharia, pessoas que ganharam um título de bacharel nessas áreas relatam que o conhecimento da ciência e da engenharia é importante para o trabalho deles. A maioria (52%) dos bacharéis em ciências e engenharia que atuavam como artistas, editores ou escritores informou que seu grau era pelo menos um tanto relacionado com o seu trabalho"(Lowell and Regets 2006).

Pense no seu futuro e o que é possível à medida que você considerar qual contribuição você quer dar. Qual será o seu legado? O que mais o empolga quando você pensa sobre as necessidades que já existem?

Reflexões sobre o Capítulo 14

1. Considere sua visão do mundo. Como você a descreveria e o que isso diz sobre você?
2. Como ela contribui para sua capacidade de ser um líder que vai realmente fazer diferença?
3. O que Obrigação do Engenheiro significa para você?
4. Se você não for um engenheiro, como ela se aplica à sua disciplina?
5. Quando você pensa nos desafios deste século, o que surge para você em termos de sentimentos, desejos e necessidades?
6. Pense numa época em que você teve uma experiência superior de ressonância coletiva. O que aconteceu? Como você contribuiu para a experiência?

CAPÍTULO 15

Colaboração através das fronteiras

Nós já descrevemos muitas técnicas colaborativas em todo este livro: escolher posturas em que todos ganham, aprender a influenciar, construir relacionamentos fortes e saudáveis, ajudar outras pessoas a obter sucesso, construir comunidades de aprendizagem, buscar o diálogo, ouvir e aprender, e assim por diante. Vivemos num mundo tão interligado que nenhum líder pode ter sucesso sem colaboração ou sem um coletivo — uma equipe, um bairro, uma cidade, uma organização ou um país. E temos provas em todos os lugares do que acontece quando escolhemos uma abordagem contraditória para fazer as coisas — conflito, insatisfação, perda de motivação, fracasso e até mesmo violência.

Como líder, você não pode ser eficaz sozinho. Lembre-se de que as ideias mais criativas vêm de uma colaboração de pessoas com formações distintas. Inclua todos os tipos de grupos e pessoas em suas redes.

Quando as pessoas não conhecem muito bem a colaboração, elas podem ser relutantes em compartilhar suas melhores ideias. Esta percepção de desvantagem competitiva baseia-se numa atitude de soma zero — a crença de que, se outra pessoa ganhar, elas perdem. Na experiência real, o todo aumenta. Toda a equipe ganha mais. Se você estiver buscando o mesmo objetivo, compartilhe ideias, mesmo com seus concorrentes. Todo mundo ganhará.

Também existe uma noção de que os líderes não podem se desenvolver numa cultura competitiva porque rivais prejudicarão seus esforços. Mas líderes colaborativos podem efetivamente defender seus pontos de vista. O que os distingue é a sua capacidade e compromisso para ouvir as outras pessoas e para mudar de ideia ou construir novas contribuições. A colaboração pode servir como um modelo para estratégias alternativas baseadas na concorrência.

A liderança colaborativa tem três características importantes. Em primeiro lugar, os colaboradores começam qualquer diálogo com perguntas e sem qualquer tipo de julgamento. Eles são genuinamente curiosos sobre eventos e não têm interesse oculto. O objetivo é aumentar a eficácia individual, grupal e organizacional. Em segundo lugar, eles apresentam suas próprias ideias para que outras pessoas as critiquem. Estão dispostos a desafiar suas próprias formas de pensar, até descobrir as limitações de como pensam e agem. Em terceiro lugar, os colaboradores acreditam que o diálogo compartilhado possa levar à inovação e à descoberta — até mesmo a novas visões de mundo. Estão dispostos a reconsiderar suas próprias ideias em busca de um bem comum.

Como um processo de influência, a prática colaborativa convida todas as partes interessadas a participar e a defender suas visões, além de ouvir e respeitar as opiniões dos demais. O diálogo aberto, repleto de sentimentos e suposições é enriquecido pelas contribuições de todos os membros da comunidade.

Pense sobre os limites ou sobre as fronteiras que o impedem de ampliar suas práticas colaborativas. Você as tem na sua família e nos seus contextos sociais, independentemente de serem grupos informais ou organizados. Os limites dentro das organizações costumam ser baseados em funções: marketing *versus* engenharia, venda *versus* produção, e assim por diante. O limite das fronteiras organizacionais também divide as pessoas: com unidades de negócios irmãs ou divisões, com concorrentes e com alianças, redes e grupos profissionais, assim como territórios regionais, tais como limites entre estados e nacionais.

Imagine ampliar as práticas colaborativas trabalhando através das fronteiras em nome de um bem comum. Isso é possível, prático ou provável? Acreditamos que seja, e, para você ser bem-sucedido como um líder técnico num novo mundo, você precisará aprender a fazer isso de forma eficaz. As questões mundiais são muito grandes para deixar para forças competitivas preocupadas apenas com suas próprias pautas, ou políticas ou pessoais.

A criação de um novo futuro que se articula na responsabilização generalizada e na ligação exige líderes que reúnam pessoas de maneiras novas para criar condições em que o contexto e a prática mudem:

- De um lugar de medo e culpa a um de conquistas, generosidade e abundância
- De uma aposta na medição e supervisão para uma de tecido social e responsabilidade escolhida
- Do foco no conselho e na previsibilidade dos líderes para um foco na evocação da sabedoria, de capacidades e da propriedade dos cidadãos

— Peter Block (2008)

Identificando necessidades críticas

A maioria das organizações globais tem equipes multifuncionais à disposição para incentivar a colaboração entre as fronteiras, com insumos que afetam as decisões de produto, as decisões de marketing e novas tecnologias a partir de áreas funcionais e regionais. Muitos dos líderes emergentes que nós entrevistamos estavam envolvidos em algum tipo de colaboração global, vários deles com equipes virtuais que contam com a tecnologia para se reunir e trabalhar juntas. Equipes virtuais estão se tornando mais comuns em grandes organizações, apresentando desafios de *timing* e técnicos. Isso exige gestão criativa pelos líderes colaborativos. Alguns de nossos líderes têm subordinados diretos em diversas regiões no mundo todo. Orrin Matthews compartilhou seus desafios de trabalhar com uma equipe virtual:

Os subordinados diretos de Orrin reúnem-se uma vez por semana via teleconferência para tratar de assuntos comuns. Eles ouvem os assuntos, os problemas e os triunfos uns dos outros e relatam o que é mais crítico e relevante para toda a equipe. Cada membro da equipe compartilha os progressos mais recentes, buscando apoio dos colegas. Orrin usa estas reuniões para garantir que haja colaboração mútua para sugerir ideias, processos e maneiras originais de pensar sobre problemas que podem ser comuns, mesmo que a área local ou questões de cada pessoa sejam únicas. Ele desafia os membros da equipe a conduzirem reuniões de vez em quando, criando oportunidades para que outras pessoas possam compartilhar responsabilidades de liderança. Acredita que a equipe precise ter gestão própria e que ela seja capaz de lidar com seus problemas em conjunto, sem a orientação constante dele. Eles começaram a se apropriar mais das pautas da equipe e de como querem debater novas iniciativas que podem reduzir os custos para o todo. Orrin diz que é empolgante ver sua equipe virtual desenvolver relacionamentos fortes e saudáveis, representando verdadeiros líderes que encontram maneiras de colaborar e vencer juntos.

As organizações estão se tornando competentes na construção de equipes colaborativas para liderar seu planejamento estratégico, sua P&D e outros esforços. O desafio continua a ser como essas equipes são facilitadas, quais métodos são usados para o diálogo e ter um pensamento ampliado além das normas organizacionais. Inovação e novas formas de pensar muitas vezes são sacrificadas em nome de tempo. Quando as pessoas estão se apressando para completar tarefas imediatas, elas raramente reservam um tempo para questionar os métodos e meios que utilizam para reunir as pessoas para pensar e criar.

Keith Kutler, em seu papel de liderança como executivo, acredita na colaboração em toda a organização. Ele sente que é um grande desafio envolver as pessoas e moldar a cultura, construir lealdade, manter os talentos, viver de forma autêntica e visível na organização. Sente que todos precisam dar e receber *feedback* constantemente e ouvir as ideias uns dos outros. Pede informações de pessoas da produção e as inclui na tomada de decisão. É sério sobre manter todos os funcionários alinhados com as metas organizacionais e informados sobre o progresso do negócio. Ele diz que é difícil de conseguir informações colaborativas e envolvimento sem ter bom *insight* sobre as decisões de negócios importantes.

Nós testemunhamos a realização de um grande trabalho colaborativo em organizações voluntárias, em esforços de ajuda internacional, em sociedades profissionais e pelo corpo docente adjunto. Muitos de nossos líderes encontraram grandes campos de prática em algumas dessas iniciativas e têm conseguido transferir alguns de seus aprendizados para seus locais de trabalho. Alguns têm encontrado uma nova paixão para suas atividades ao longo da vida.

Ellie Fitzgerald nasceu no Sudão. Ela tinha a missão de identificar alguma necessidade crítica, pesquisar e validar a necessidade, depois, propor algo a respeito. Ellie estudou o problema da pobreza no Sudão e propôs viajar ao país, aprender mais sobre algum aspecto específico do problema e estabelecer uma empresa sem fins lucrativos para ajudar. Tirou uma licença de dois meses do seu trabalho, fez o que se propôs a fazer e estabeleceu um programa de microcrédito para ajudar empresários a começar um negócio. Ela aprendeu muito com essa experiência, especialmente sobre como uma pessoa pode mudar por uma causa pela qual é apaixonada, e agora está ainda mais empenhada em levar esse trabalho adiante.

Colaborações

George Ayittey (2005), em seu livro *Africa Unchained*, aponta para a importância das cooperativas de pequenas comunidades na África como a fonte mais provável de sucesso para as nações africanas saírem da pobreza. Essas organizações precisam da ajuda de profissionais técnicos. Você poderia se envolver globalmente num nível das bases e construir suas habilidades de liderança com organizações tais como Engenheiros Sem Fronteiras, Médicos Sem Fronteiras, Cientistas Sem Fronteiras e outras colaborações científicas.

Colaborações internacionais constroem relacionamentos que ajudam os profissionais técnicos a entender a verdadeira natureza e o verdadeiro escopo das questões externas e ajudam as pessoas em outros países a receberem o suporte técnico e outros recursos muito necessários.

Camille George é uma professora de engenharia muito interessada em países em desenvolvimento. Ela se juntou a várias outras professoras de universidades americanas num projeto para ajudar as pessoas nas zonas rurais da África a melhorar suas condições econômicas e de saúde. Aprendendo com o trabalho de George Ayittey, ela e seus colegas ajudaram a formar uma cooperativa agrícola para produzir e comercializar produtos baseados no carité. As líderes dessa iniciativa são mulheres do Mali com visão empresarial que fazem parceria com pessoas da universidade local e do instituto politécnico para fabricarem o equipamento de que eles precisam para automatizar o seu negócio.

Outro projeto na África está sendo realizado pela Soul Source Foundation, liderada pela autora Elaine Millam. Este projeto tem parceria com grupos de mulheres na África do Sul e no Quênia para manter meninas na escola e para capacitar os grupos de mulheres a montar suas próprias empresas, ganhando dinheiro suficiente para alimentar a família e ajudar os filhos a estudar. As iniciativas incluem o desenvolvimento de uma horta e a venda de produtos agrícolas em mercados locais, a criação de galinhas, a garantia de que haja água limpa nas escolas e coisas semelhantes. Cada empresa fornece pequenos empréstimos às mulheres, cujo reembolso é exigido à medida que elas progridem. As mulheres são auxiliadas na criação de seus planos de negócios, sendo responsáveis pela gestão das suas finanças e garantindo liderança eficaz. Empoderar as mulheres é o mais importante na ajuda para a comunidade superar ciclos de pobreza.

Recentemente, o Instituto James A. Baker III para Políticas Públicas na Universidade de Rice, em Houston, Texas — através do seu Programa de Política de Ciência e Tecnologia, do Projeto da China Transnacional e do Programa de Tecnologia, Sociedade e Política Pública — sediou um *workshop* internacional para identificar e analisar questões fundamentais que impedem a colaboração científica eficaz entre pesquisadores que trabalham dos dois lados do Oceano Pacífico. Funcionários e cientistas de Beijing, Chapel Hill, Hong Kong, Houston, Los Angeles, Nanjing, Xangai, Singapura, Taipei, Tainan e Washington, DC, se reuniram para discutir maneiras de facilitar a pesquisa científica. O objetivo do *workshop* foi desenvolver conclusões e recomendações que descrevem as melhores práticas recomendadas para colaboração; determinar barreiras culturais e políticas; recomendar ações para universidades e conceder agências para promover a colaboração e exibir colaborações bem-sucedidas como modelos para práticas no futuro. A Política 42 do Instituto Baker é um relatório descrevendo seus triunfos e suas descobertas.

Cientistas sem Fronteiras[SM], uma nova iniciativa global concebida pela Academia de Ciências de Nova York (NYAS) e o Projeto do Milênio das Nações Unidas, desenvolveu um site na Internet (veja a bibliografia) e um banco de dados projetados para corresponder às necessidades e aos recursos com indivíduos e organizações que trabalham para melhorar a qualidade de vida nos países em desenvolvimento. "Cientistas Sem Fronteiras é uma iniciativa pioneira que vinculará e mobilizará instituições e pessoas que aplicam a ciência para melhorar as vidas e meios de subsistência nos países em desenvolvimento", disse Ellis Rubinstein, que preside o conselho da Cientistas Sem Fronteiras. "Independentemente de explorar as tecnologias de energia verde de baixo custo, melhorar estratégias para a agricultura sustentável ou desenvolver ferramentas para prevenir e tratar doenças, a ciência constrói conhecimento para melhorar a saúde e a prosperidade".

Colaborações com cientistas estrangeiros são comuns nos países da União Europeia (UE), graças, em parte, às políticas de financiamento. Metade dos artigos de pesquisa da UE tinha coautores internacionais em 2007, mais de duas vezes o nível de duas décadas atrás, de acordo com um relatório divulgado recentemente na Fundação Nacional de Ciências dos Estados Unidos.

O nível de coautoria internacional da UE é aproximadamente o dobro dos Estados Unidos, do Japão e da Índia, apesar dos níveis nestes países estarem crescendo — um sinal da atração de trabalhar através das fronteiras. "O fenômeno é interdisciplinar", diz Loet Leydesdorff, um especialista em métricas de ciência na Universidade de Amsterdã. "Você pode encontrá-lo em todos os lugares".

Com efeito, como Thomas Friedman (2007) descreveu, em muitos aspectos, o mundo *é* plano. Colaboração através das fronteiras está acontecendo em todos os lugares. Como líder técnico, você deve saber sobre o que são essas colaborações e deve pensar em se envolver em projetos que possam proporcionar grandes experiências de aprendizagem ao mesmo tempo em que ampliam suas perspectivas.

Quando você procura maneiras de colaborar com os colegas em outros países, projetos de desenvolvimento podem oferecer grandes oportunidades. O conhecimento técnico que você tiver para oferecer será de valia para alguém. Não fique impressionado com o tamanho e a quantidade de problemas que precisam ser resolvidos neste mundo. Com sua liderança e o envolvimento de outras pessoas, muitos problemas podem ser abordados e superados. Isso já foi feito no passado e pode ser feito novamente.

O primeiro passo depois de identificar um problema é supor que você pode fazer alguma coisa a respeito. Proponha-se a encontrar e remover os obstáculos existentes entre você e seus objetivos. Um colega empreendedor que construiu diversos negócios bem-sucedidos nos disse que, se soubesse todas as barreiras que enfrentaria, talvez nunca tivesse começado. Concentre-se nos seus objetivos, não nas barreiras que você poderá encontrar.

Profissionais técnicos costumam supor que precisam de muitas informações antes de começar. Eles querem ser especialistas em tudo. Entretanto, nunca existem informações suficientes, ou tempo suficiente, para isso. Aprenda a tomar decisões baseadas em qualquer informação que você conseguir obter num tempo razoável e então confie no seu julgamento. Conheça sua visão e por que ela é importante para você, depois faça tudo que for necessário para concretizá-la. Pode ser arriscado agir sem todos os detalhes, mas considere a alternativa de inação. A longo prazo, pode ser ainda mais arriscado.

Quando você apresentar novas ideias, opositores muitas vezes dirão, "Não pode ser feito". Não deixe que isso o impeça de fazer. Diga: "eu vou mostrar" e faça.

Depois de montarmos a Faculdade de Engenharia, um ex-executivo corporativo muito respeitado, e que, na época, era líder da Faculdade de Administração, disse: "Vocês desafiam a gravidade". Quando perguntamos o significado, explicou que "todo mundo sabia que seria impossível fazer uma Faculdade de Engenharia aqui". As forças contrárias eram grandes demais. Quem diria? A ignorância pode ser uma benção.

— Autor RJB

Outra forma de desenvolver habilidades de liderança enquanto prossegue a sua paixão é através de voluntariado local. Você pode ser voluntário e fazer a diferença. Você não só fará diferença, mas aprenderá, praticará liderança e ficará mais visível em sua comunidade.

Jerry Johnson falou de suas atividades como voluntário. Ele é membro do conselho na escola da sua filha e está ativamente envolvido em muitos projetos escolares — peças de teatro, caminhadas ao ar livre e dias especiais (como um Dia de Ciências), em que é um dos poucos pais que participa plenamente. Às vezes acompanha passeios com as crianças. "Quando você faz serviço voluntário, você desempenha diversas funções". Ele é marceneiro, organizador da feira de livros didáticos, monitor na maioria dos eventos e "cientista". "Eu realmente gosto de me envolver com as atividades escolares dos meus filhos", disse Jerry. Ele também treina as equipes de T-ball e hóquei da filha e ajuda na patinação. Além das atividades de seus filhos, como muitos de seus pares, juntou-se aos Toastmasters. Ele adora receber *feedback* de diferentes pontos de vista e vê isso como uma excelente maneira de crescer. Está pensando em se envolver na política, possivelmente planejando concorrer a prefeito em seu subúrbio e trabalhar com o comitê de diretoria do parque.

Pessoas fora da sua comunidade podem ter objetivos diferentes dos seus e ver o mundo de forma diferente. Aprenda a trabalhar com várias partes interessadas que afetam ou são afetadas pelo seu estilo de liderança. Pode levar mais tempo para desenvolver a confiança necessária. Esteja aberto a usar suas melhores habilidades de comunicação para entender os requisitos da comunidade e procurar oportunidades para acordos negociados. A colaboração enfatiza a máxima satisfação para todas as partes. Cada um exerce tanto um comportamento afirmativo quanto cooperativo. Todas as partes interessadas devem incentivar a expressão mútua de suas necessidades e preocupações. Particularmente, é um desafio quando se trabalha em culturas em que existam barreiras linguísticas.

Independentemente de suas escolhas para ampliar sua influência e experiência, o mundo oferece oportunidade em todos os lugares. Como líder técnico, você deverá encontrar maneiras para começar a praticar a liderança colaborativa onde quer que esteja, porque o mundo está encolhendo e a necessidade de colaboração está aumentando. Fronteiras e limites continuarão a embaçar nossa visão, causar confusão e potencialmente criar novos problemas, mas não podemos resolver os grandes desafios sem saber como superar efetivamente as distâncias e sem trabalhar como parceiros.

Reflexões sobre o Capítulo 15

1. Como a colaboração passa a ser uma prática fundamental para você à medida que exerce sua influência e demonstra suas capacidades de liderança?
2. Quais são algumas das maneiras como as organizações às quais você está afiliado estão mudando hoje?
3. Onde existem tentativas deliberadas para unir as pessoas através dos limites e com qual finalidade?
4. O que está surgindo em seu processo de pensamento neste momento?
5. Você vê novas oportunidades para se envolver em esforços de colaboração que tratam de fazer a diferença que é importante para você?
6. Você está pronto para começar algum tipo de reflexão que capte seus pensamentos, suas ideias e possibilidades como resultado da leitura deste livro? Como você fará isso?

CAPÍTULO

16

Liderança sustentável

A importância da sustentabilidade não se aplica apenas às nossas jornadas, mas a todos os aspectos da vida na Terra. No caso de profissionais técnicos, as duas coisas estão entrelaçadas. Você tem muito trabalho pela frente — identificando quem você é e descobrindo qual é a sua contribuição. Uma vez que sua visão esteja clara e você esteja no caminho, precisará manter várias coisas em perspectiva para manter seu plano de liderança sustentável.

Rotinas e desafios quotidianos podem distraí-lo. Múltiplas demandas podem fazer com que você perca o foco. Essas coisas são normais e esperadas, mas o desenvolvimento da liderança é um empreendimento que dura a vida toda. Você quer trazer seu melhor para todas as dimensões da sua vida, ao mesmo tempo em que influencia outras pessoas a fazerem o mesmo. Mantenha o conceito de sustentabilidade em primeiro plano.

Veja a definição de sustentar: "apoiar, segurar ou aguentar de baixo para cima; aguentar o peso de alguma coisa, como uma estrutura". Outras definições referem-se a "resistência, fazer com que alguma coisa continue em andamento, fornecer e alimentar". Os significados são cíclicos; a definição de *sustentar* se encaixa perfeitamente na noção de se adaptar à natureza em vez de resistir a ela.

O objetivo do movimento de sustentabilidade é restaurar o equilíbrio às nossas comunidades, reconectar o que ficou separado e estabelecer uma administração saudável da energia necessária para manter a saúde global, social e econômica. Isto só é possível com o envolvimento de líderes apaixonados que se comprometem com princípios compartilhados. Como líder apaixonado que quer fazer diferença, você precisa entender qual é a sua parte e por que essa parte é tão importante.

A preocupação com o meio ambiente está aumentando no mundo todo. O movimento pela sustentabilidade e pela produção ecológica está se desenvolvendo há várias décadas e está ganhando impulso no mundo todo. Iniciativas de sustentabilidade já começaram na Europa (Hong, Kwon, and Roh, 2009; Azzone and Noci 1998), na Rússia (Bartlett and Trifilova, 2010), na ASEAN (Lopez, 2010), na América do Sul (Nunes, Valle, and Peixoto, 2010), na África (Ndamba, 2010) e na América do Norte (Frazier, 2008). A orientação ecológica estratégica está afetando cadeias de suprimento no mundo todo (Hong et al., 2009) e alianças comerciais e de governo estão se desenvolvendo para promover uma economia com pouco carbono, como o Conselho de Economia Ecológica no BusinessGreen do Reino Unido, em 2011. A organização de padrões internacionais ISO está desenvolvendo um novo padrão de sistema de gestão internacional para energia (ISO 50001). Muitas empresas individuais já estão tomando medidas para reduzir drasticamente o consumo de energia. A 3M Company ganhou recentemente seu sexto prêmio consecutivo Energy Star por seus esforços de conservação de energia em 65 países (Business Wire, 2011).

A iniciativa de sustentabilidade já começou e está crescendo rapidamente — e está com uma demanda por líderes. Suas habilidades técnicas serão necessárias para reduzir o consumo de energia, minimizar pegadas de carbono e administrar outros efeitos ambientais ao mesmo tempo em que reduz custos e constrói alianças para sustentar esforços ao longo de toda a cadeia de suprimentos. Isso testará suas capacidades, sua paixão e sua coragem. Exigirá parceria entre profissionais técnicos e outras pessoas na sua organização, especialmente do marketing. Convoque suas habilidades de liderança e responda o chamado.

A seguir apresentamos sete princípios que você pode adotar ao pensar sobre sustentabilidade. Essa lista reflete de maneira próxima as opiniões de Jonathon Fink, vice-presidente da Faculdade de Sustentabilidade da Universidade de Arizona, e Dieter Helm, economista europeu especializado em energia, água e infraestrutura, assim como de outras pessoas (Hargreaves and Fink, 2004).

Liderança sustentável tem a ver com autocontrole. Você só é responsável pelas suas próprias ações. Você só pode se responsabilizar pelo que faz e pelo que fala, assim como pela forma como age numa determinada situação. Portanto, ao aprender a ser mais inteligente em termos emocionais e sociais, você pode ter certeza de que conhece seus próprios pensamentos e sentimentos e sabe como construir relacionamentos saudáveis e sólidos com outras pessoas.

Liderança sustentável cria e preserva a aprendizagem da sustentação. Essa é a aprendizagem que importa, que dura e envolve as outras pessoas em termos intelectuais, sociais e emocionais. Vai além de realizações únicas para criar melhorias duradouras na aprendizagem e no desenvolvimento que possas ser medidas e percebidas.

Liderança sustentável exige o uso da inteligência social e da emocional. Você quer participar de alguma coisa importante. Quer abrir um espaço para você mesmo e para outras pessoas, para que todos possam dar o melhor de si. Você se esforça para entender os outros e ajudar os outros a contribuírem para uma causa maior.

Liderança sustentável sustenta a liderança de outras pessoas. Para deixar um legado duradouro, desenvolva sua liderança e a compartilhe com outras pessoas. Construa uma comunidade que possa continuar se você sair. Reconheça que nenhum líder consegue fazer tudo sozinho. Liderança é uma necessidade distribuída e uma responsabilidade compartilhada.

Liderança sustentável se preocupa com o todo variado, construindo sua capacidade. Isto significa ter consciência da sua interdependência sobre este planeta — de que qualquer coisa que você faça para o planeta ou para outro ser humano você faz para você mesmo. Se você ajudar a construir capacidade para você mesmo e para outras pessoas, o sistema como um todo se beneficia.

Liderança sustentável desenvolve em vez de esgotar recursos humanos e materiais. Isso gera incentivos que atraem o melhor dos líderes. Fornece tempo e recursos para líderes estabelecerem redes, aprenderem uns com os outros e apoia-

rem-se, além de treinarem e orientarem seus seguidores. Sistemas de liderança sustentável cuidam dos seus líderes e ajudam os líderes a cuidarem deles próprios.
Liderança sustentável garante o sucesso ao longo do tempo. A sucessão da liderança é o desafio de abandonar, levar adiante e planejar para sua própria obsolescência. Ela vai além de indivíduos para ligar as ações de líderes aos seus antecessores e sucessores. Preserva a sabedoria da finalidade e da organização.

Esses princípios são descritos de maneira adequada no conjunto de crenças de Hank Bolles: "Acredito que os líderes devem agir como gerentes do sucesso continuado, de longo prazo, da organização. Eles devem ter uma determinação inabalável para fazer o que precisa ser feito para produzir os melhores resultados de longo prazo, compromissados com a intenção e a finalidade mais amplas da organização em vez das opiniões impertinentes de analistas de Wall Street cuja lealdade está limitada à capacidade da empresa de alcançar projeções de arrecadação trimestrais. Isso também significa agir como fiadores para o legado da empresa em vez deles próprios. O sucesso futuro da empresa está na seleção, no desenvolvimento e na tarefa estratégica dos principais líderes e de líderes futuros. Esses líderes, de acordo com Max DuPree, devem virar "líderes transformadores, orientando suas organizações e as pessoas dentro delas para os novos níveis de aprendizagem e desempenho. Portanto, a liderança torna-se um processo de aprendizagem, de correr riscos e de mudança de vida". Uma verdadeira medida da grandeza de um líder é a capacidade de sair de um emprego, executando a obsolescência planejada ao preparar os sucessores para uma grandeza ainda maior na próxima geração".

Outros líderes esboçaram princípios semelhantes para aplicar sua liderança nos locais de trabalho. Eles queriam garantir que sua aprendizagem e suas experiências de liderança fossem sustentadas.

Desenvolvendo outras pessoas

Um tema comum que surgiu a partir das 501 entrevistas realizadas com líderes em desenvolvimento foi de "desenvolver outras pessoas" e servir a organização mais ampla:

Joe Monahan dedica-se a ajudar seus subordinados diretos e membros da equipe de um projeto a juntar visões pessoais sozinhos, articular seus principais objetivos e depois identificar atividades que os ajudarão a ir em direção às suas visões. Joe se reúne com sua equipe em sessões individuais pelo menos uma vez por trimestre para verificar com eles como ele pode apoiá-los, ouvir seus relatórios de progresso e modificar planos conforme a necessidade. Ele quer torná-los responsáveis e espera que tomem a iniciativa dos seus planos, com seu apoio e orientação como *coach*.

Perry Barnes também acredita ser responsável por garantir que seus subordinados estabeleçam objetivos para o próprio desenvolvimento pessoal e profissional. "Eu só posso ajudá-los com seu desenvolvimento se eles quiserem que eu faça isso e falo abertamente o quanto eu acho que o desenvolvimento deles é importante para a empresa e para eles. Quero que eles pensem no legado que querem deixar, dediquem-se à aprendizagem e alcem novos voos". Perry sente-se muito estimulado quando seus subordinados são bem-sucedidos e faz qualquer coisa para agradecer pelas suas realizações e reconhecê-los publicamente pelo seu crescimento.

Patrick Conner também falou sobre o quanto é importante para sua empresa e para ele fazer com que sua equipe busque o crescimento e o desenvolvimento. Ele espera que sua equipe identifique pelo menos um mentor. "Assim eu não sou o único recurso que eles têm para treinamento e orientação", disse. Os mentores os ajudam a se puxar e fazer o melhor. Não se trata apenas de frequentar aulas ou seminários, ele disse, mas de fazer alguma coisa para eles próprios que possa ser monitorado e documentado. Ele espera que sua equipe busque tarefas desafiadoras, identificando áreas carentes na organização. "Quero que vocês se apresentem para liderarem alguns dos esforços de projeto". Ele também espera que acompanhem seu crescimento, assegurando que tenham um *feedback* eficaz daqueles que estão à sua volta.

Ann Jones espera que os membros da sua equipe apoiem uns aos outros no seu crescimento e desenvolvimento. Ela realiza regularmente reuniões da equipe para que as pessoas compartilhem suas realizações e recebam *feedback* e reconhecimento de outras pessoas da equipe. Esse tempo de comemoração ajuda toda a equipe a reconhecer a importância e o valor do crescimento e da aprendizagem contínuos. Ela também compartilha seu próprio crescimento e desenvolvimento com a equipe. Às vezes, a equipe lê livros ou artigos específicos, realizando diálogos em grupo ou sessões de treinamento que ajudam as pessoas a fazerem aplicações diretas às suas atividades de trabalho comuns e a compartilharem seus sucessos.

Muitos líderes compartilharam formas de agradecer às pessoas pelos seus esforços no crescimento, na aprendizagem e na experiência de novas ideias. Várias táticas compartilhadas que eles usam para manter as pessoas interessadas em novas buscas: frequentar sessões de treinamento em conjunto, identificar projetos fundamentais que podem ser atribuídos a pessoas específicas prontas para novos desafios e trabalhar em parcerias para ajudar as pessoas a aprenderem novas tecnologias ou a realizarem tarefas de projetos específicas. Muitos estabelecem sessões de treinamento em que membros da equipe identificam assuntos fundamentais sobre os quais queiram saber mais ou aprender juntos sobre as melhores práticas em outro lugar, muitas vezes trazendo sócios de outras organizações.

E quanto a você? Quais são suas expectativas em relação a você mesmo e quais práticas sustentáveis o manterão na linha, continuarão sua aprendizagem e ajudarão as outras pessoas a fazer a mesma coisa?

Aquilo em que você acredita influencia sua realidade, então escolha acreditar que as pessoas crescerão e assumirão a responsabilidade quando isso for possível. Quando as pessoas percebem que as outras acreditam nelas, começam a acreditar em si mesmas. Suas expectativas em relação aos membros da sua equipe e sua confiança neles os ajudarão a desenvolverem a confiança neles próprios. Isso lhes dará energia para realizar seus objetivos pessoais e como equipe.

Espere que os técnicos tragam com eles novas perspectivas, novas ideias e novo pensamento. Ajude-os a exercer sua criatividade e sua inteligência emocional. Os desafios da sustentabilidade global exigem o envolvimento pleno de todo mundo — começando por você.

A maioria dos técnicos não foi treinada para assumir funções de liderança que exigem as habilidades de servir as outras pessoas. No entanto, ao ajudarmos as outras pessoas, nós nos ajudamos e ajudamos as organizações a que pertencemos. Se alguma vez você já tiver dado uma aula, tiver sido um treinador ou orientado alguém, você conhece as recompensas. Você ajuda outras pessoas e aprende muito sobre você mesmo e sobre seu assunto.

Quando foram questionados sobre aspirações e planos futuros, muitos daqueles que entrevistamos disseram que queriam lecionar. Outros falaram sobre orientar subordinados ou colegas. A experiência é recompensadora. Ela lhe dá uma oportunidade de retribuir com o seu conhecimento e a sua experiência e de causar um impacto direto sobre a vida de alguém.

Durante minha carreira, tive vários mentores. Na verdade, não percebi isso na época. Apenas sabia que eram pessoas excelentes e que passavam um tempo comigo, me ajudando com minha carreira. Eu não sabia por que elas fariam isso, apenas achava que eram pessoas boas. Acabei percebendo que existem várias pessoas ótimas e que, se tiverem a oportunidade, elas querem ajudar outras pessoas. Meu conselho para todo mundo é fazer a mesma coisa por alguém. Isso pode mudar a sua vida.

— Autor RJB

Nós mesmos fizemos

Nas nossas funções como orientadores, *coaches* e professores, descobrimos que ajudar os outros acaba nos ensinando lições valiosas. Também é uma prática valiosa para sustentar nossos próprios princípios, nossas próprias crenças e possibilidades de liderança. Nossos estudantes e subordinados diretos passam a ser nossos professores. Quando identificam práticas nas quais nós nunca pensamos e encontram obstáculos que não experimentamos, ainda assim podemos ser ouvintes e orientadores com compaixão.

Apesar de as experiências e os desafios serem conhecidos, algumas coisas são sempre únicas: os participantes envolvidos, suas atitudes e sua maneira de lidar com eles próprios e com os outros. Manter um coração e uma mente abertos à medida que você investiga suas experiências lhe dá as melhores respostas. Ver as outras pessoas descobrirem suas próprias respostas pode ser recompensador. Compartilhe suas próprias experiências, mas evite dar conselhos. Outras pessoas têm seu próprio processo e suas próprias capacidades. Ajude-as a descobrir a verdade de dentro para fora, para que possam dizer "nós mesmos fizemos".

> Quando o trabalho do melhor líder está terminado as pessoas dizem: "nós mesmos fizemos sozinhas".
>
> — Lao Tsu

Novamente, a reflexão é um processo fundamental para aprender e para nos sustentarmos. Com qual frequência você para e pensa, por que estou fazendo isso? É por dinheiro ou reconhecimento, ou porque você simplesmente não consegue ver uma forma de buscar o que você realmente quer? Você tem prazer e satisfação pessoal no seu trabalho? Sente que seu trabalho esteja contribuindo para algum outro objetivo maior que seja importante para você? Ou você odeia o que está fazendo e gostaria que fosse outra coisa, mas simplesmente não sabe o jeito de sair? Você está se perguntando em relação ao seu trabalho e ao seu tempo de lazer, em nome do quê?

> Um colega perguntou recentemente: "Aonde vou e por que estou nessa confusão"? Duas sessões de treinamento o ajudaram a encontrar respostas para algumas das suas frustrações. Ele não tinha se dado tempo nem energia para pensar em tudo que queria e nas suas necessidades e tinha se permitido ficar preso. Ele não tinha experiência alguma sobre o que significa sustentar-se como líder. Uma vez que se tornou consciente da sua situação, ele teve os meios de começar novamente. Tudo que precisava era que alguém ajudasse no processo de descoberta e novamente ele estava fora da cesta — fazendo planos e assumindo o controle do seu destino.

> Outro colega acreditava no começo da sua carreira que queria trabalhar apenas em indústrias que tinham potencial para o bem. Seu primeiro emprego profissional foi com eletrodomésticos, produzindo torradeiras, cafeteiras e ferros a vapor. Depois, trabalhou com eletrônicos, produzindo componentes para comunicações de TV e rádio para fornecer notícias e diversão. Acabou não sendo suficiente, e ele entrou no setor de dispositivos médicos para salvar e melhorar vidas. Então entendeu que o setor de conhecimento, ajudando empresas a adotar novas

ideias, poderia agregar mais valor. E, mais recentemente, entrou no de educação para ajudar adultos trabalhadores a crescerem e realizarem seu potencial. Em cada passo da sua carreira, ele reagiu à reflexão e ao desejo de contribuir com algo para melhorar a sociedade. Essa é a jornada de uma vida inteira, e o futuro continua a abrir possibilidades novas e empolgantes.

Jovens adultos estão buscando uma finalidade nas suas vidas. No mundo deles, as possibilidades não parecem ilimitadas. A perspectiva de ter um padrão de vida inferior ao de seus pais não é apenas possível, mas também é provável, e o que outrora era visto como recursos naturais ilimitados agora são claramente limitados. Uma população mundial crescente e padrões de vida cada vez maiores em países em desenvolvimento oferecem a promessa de um consumo ainda maior e pressão sobre os recursos da terra.

Ao contrário, jovens adultos no começo do século XX não tinham muita riqueza e luxos. Apesar da abundância de recursos naturais, essa geração praticava a frugalidade, a gratificação atrasada e a vida modesta. Não eram grandes consumidores de recursos. Pelos padrões atuais, eles seriam considerados pobres. No entanto, eles não se consideravam pobres. Eles tinham empregos, uma vida em família, comunidade, igreja, férias e diversão. Viviam de maneira produtiva e plena.

Ideias criativas e inovadoras levaram aos produtos e às conveniências desenvolvidas durante o século XX. A produção em massa e os recursos naturais baratos produziram uma grande variedade de produtos que podiam ser vendidos a baixo custo, ao alcance de uma classe média que estava crescendo rapidamente. O ato de fazer esses produtos criava empregos, que forneciam renda, que sustentava mais consumo. O ciclo de produção, consumo e crescimento continuou. Esse processo não apenas criou benefícios para a sociedade, mas também estabeleceu a base para os problemas técnicos que enfrentamos atualmente.

As soluções para os problemas atuais também virão de ideias inovadoras. Os desafios são ainda maiores com a sustentabilidade como objetivo fundamental. Muitas soluções serão baseadas na tecnologia; então, as habilidades de profissionais técnicos são fundamentais. Um desafio maior será mudar hábitos, porque eles refletem crenças. Profissionais técnicos também precisarão entender os aspectos emocionais e políticos das questões e assumir responsabilidade por desfazerem mitos e revelarem verdades. Sua missão é ter os dados primeiro, depois contarem a narrativa de uma forma que todos possam entender.

Muitos líderes em desenvolvimento compartilharam a maneira como se alimentavam e sustentavam sua capacidade de liderança. Alguns se tornaram campeões por causas fora do seu trabalho: nas escolas dos seus filhos, suas comunidades e suas igrejas. Precisavam ser ativos, visíveis, compartilhar suas ideias, se ligar com outras pessoas, influenciar a comunidade e estabelecer uma rede com outras pessoas para expandirem suas perspectivas sobre liderança. Alguns se candidataram a cargos políticos e alguns estavam ativos em grupos setoriais. Um deles criou uma nova sociedade profissional. Muitos escolheram ajudar crianças — como monitores de escoteiros, sendo treinadores de esportes ou dando aulas particulares. Alguns serviram como voluntários na sua estante de comida ou hospital local. Um deles escolheu orientar um prisioneiro.

Em todas essas situações, os líderes compartilharam a profunda gratidão e a aprendizagem que surgiram a partir destas experiências. Reconheceram claramente que as pessoas querem fazer parte, ajudar umas às outras, aprender umas com as outras. Observaram que o seu modelo de liderança para as outras pessoas torna-se contagiosa. Ele estimula novas possibilidades para que outras pessoas experimentem a "profunda alegria que atende à fome profunda do mundo". A maioria dessas experiências ensinou os líderes que existem várias formas de servir suas comunidades e seu mundo. Essas experiências também criam redes colaborativas que inspiram, ensinam e constroem confiança. Isto é liderança sustentável.

Cuidar de nós mesmos costuma estar no final da nossa lista de prioridades, especialmente se formos grandes realizadores. Uma quantidade grande demais de líderes realmente eficazes caiu nesta armadilha e sofreram um estresse muito grande com isso. Esse é especialmente um fenômeno em organizações com alto desempenho, onde nunca existe tempo nem recursos suficientes para fazer tudo. Não esqueça de recarregar as baterias.

Seu plano de desenvolvimento de liderança

Dentro do seu plano de desenvolvimento de liderança, tenha certeza de que você tem atividades específicas para se renovar e se restaurar em intervalos regulares. Até mesmo com demandas elevadas, planeje umas férias ou pelo menos algum tempo de descanso — qualquer coisa de que você realmente goste. Isto não é egoísmo, mas sim uma prática necessária para manter sua energia e sua vitalidade. A não ser que você aprenda a se ajudar, dificilmente poderá ajudar as outras pessoas. Faça uma lista de atividades sustentadoras e a coloque no seu calendário — com tinta permanente.

Reflexões sobre Capítulo 16

1. Quais práticas ou princípios o orientarão para que você se torne um líder sustentável?
2. Como cada um o ajudará especificamente?
3. Experimente assumir uma função de orientação ou você mesmo ser orientado. O que você acha que seria mais importante num relacionamento de orientação?
4. Quando você pensa em cuidar de si, como imagina garantir que está dando a si mesmo oportunidades para se renovar? Qual é o seu plano?
5. Como você pode ter certeza de que está trabalhando junto à comunidade para sustentar sua aprendizagem e sua liderança?

Conclusão

O mundo precisa de você. Existem grandes problemas a serem resolvidos neste século. Como profissional da área técnica, você tem uma grande responsabilidade: ajudar a encontrar respostas melhores. Você tem a educação, a formação, a experiência e as habilidades críticas de pensamento necessárias para inovar e liderar a criação de soluções sustentáveis. Você não pode fazer isto sozinho, então também precisa desenvolver as habilidades de liderança, atitudes e ações capazes de envolver outras pessoas no processo.

Muitas das questões críticas que enfrentamos exigirão soluções técnicas. No entanto, como observou o Dr. Joe Ling, também existem aspectos emocionais e políticos a considerar. Para envolver de forma eficaz outras pessoas, você também precisa desenvolver um entendimento e um domínio destes aspectos. Seu plano de ação de aprendizagem continuada deve incluir o conhecimento das motivações e comportamentos das outras pessoas, construindo relacionamentos e tornando-se um líder servidor.

Antes de liderar outras pessoas, você precisa se conhecer profundamente. Entender suas verdadeiras crenças e paixões exigirá reflexão. Isto será uma aventura e você não saberá o que encontrará até que tenha se aventurado em lugares na sua mente que podem não ter sido visitados recentemente. Você pode descobrir coisas das quais não gosta. Provavelmente também encontrará algumas crenças e paixões que lhe darão grande alegria. Com essa descoberta, você está preparado para desenvolver seu plano de aprendizagem e o roteiro para começar sua jornada de liderança.

Onde esta jornada o levará? Provavelmente a caminhos que você não sabia que existiam:

- Você poderá descobrir grandes necessidades na sua organização equivalentes à sua paixão e assumir a liderança com ideias novas, construindo os relacionamentos de que precisa à medida que explora relacionamentos que garantem apoio.
- Você poderá detectar necessidades na sua comunidade que se encaixam em outras paixões, como ajudar jovens a desenvolver o amor pela aprendizagem, especialmente de ciências, tecnologia, matemática e engenharia. Essa necessidade pode ser em termos de profundidade técnica ou de alfabetizar tecnologicamente as pessoas com outras paixões.
- Talvez seu papel seja desmistificar ideias equivocadas sobre ciência e tecnologia. Ideias que não são fundamentadas, mas que costumam ser repetidas e ganham ares de verdade. Às vezes elas são resultado de informação deliberadamente equivocada. Especialistas técnicos podem responder com fatos convincentes.
- Como membro de associações profissionais, você tem a oportunidade de assumir papéis de liderança e apoiar os objetivos dessas organizações. Vocês podem até mesmo ajudar organizações a reavaliarem e realinharem seus objetivos.

- Com suas habilidades técnicas, o entendimento das suas paixões e as habilidades de liderança descobertas recentemente, você pode colaborar no estabelecimento de políticas públicas. Poucos membros dos nossos corpos legislativos têm formação técnica. Para escrever uma boa política pública, eles precisam da sua *expertise* como consultor — ou talvez como colega de parlamento.

Tudo está mudando rapidamente. Você pode descobrir que você precisa continuar sua educação. Existem várias maneiras, tanto formais quanto informais, de aprender. Tire vantagem das mais adequadas para você.

Agora que você sabe como refletir e ver os benefícios, você precisará dedicar algum tempo para continuar sua reflexão. Até mesmo suas crenças e paixões mudarão e você precisará ficar sintonizado com você mesmo.

Acima de tudo, pense globalmente. As questões técnicas que o mundo enfrenta são questões globais. Algumas podem ser ainda mais críticas em áreas mais carentes do que aquela em que você mora. Você tem consciência disso? Você consegue entender o que elas significam para as pessoas que vivem nessas áreas? O que você pode fazer para ajudar? O que você está fazendo? Talvez existam oportunidades em sua comunidade, em sua igreja, associação profissional ou em uma faculdade ou universidade local para se envolver.

Como técnico, você tem a habilidade básica de pensar de maneira crítica. Use sua capacidade, seu conhecimento técnico específico e sua habilidade de liderar para causar um impacto positivo no mundo.

Lembre-se de quando você era jovem. Por que você buscou esse caminho? Havia algum objetivo grande e inerente de ajudar as pessoas, resolver problemas técnicos ou outra forma de fazer uma diferença? Agora que você já identificou todas as ferramentas, volte aos seus objetivos pessoais e responda: "O que você fará para realmente fazer a diferença"?

Bibliografia

3M Earns ENERGY STAR Sustained Excellence Award For Industry-Leading Seventh Consecutive Year. *Business Wire*. April 12, 2011.

Aritzeta, Aitor, Stephen Swails and Barbara Senior. January, 2007. Belbin's Team Role Model. Development, Validity, and Applications for Team Building. *Journal of Management Studies*, Volume 44, Issue 1, pp. 96–118.

Ashforth, Blake. 2001. *Role Transitions in Organizational Life: An Identity-based Perspective*. New York: Lawrence Erlbaum Books.

Ayittey, George. 2005. *Africa Unchained: The Blueprint for Africa's Future*. New York: Palgrave Macmillan.

Azzone, Giovanni and Giuliano Noci. 1998. Identifying Effective PMSs for the Deploying of "green" Manufacturing Strategies. *International Journal of Operations & Production Management* 18(4): 308–35.

Barsh, Joanna, Susie Cranston and Rebecca Craske. 2008. Centered leadership: How talented women thrive. *McKinsey Quarterly* 4: 35–39.

Bartlett, Dea and Anna Trifilova. 2010. Green technology and eco-innovation: Seven case-studies from a Russian manufacturing context. *Journal of Manufacturing Technology Management* 21(8): 910–29.

Bennett, Ronald J., and Elaine R. Millam. 2011a. Educating manufacturing leaders: Creating an industrial culture for a sustainable future. *ASEE Annual Conference and Exposition*, Vancouver, BC, June 26–29.

Bennett, Ronald J., and Elaine R. Millam. 2011b. Developing leadership attitudes and skills in working adult technical graduate students: Research interview results with alumni. *ASEE Annual Conference and Exposition*, Vancouver, BC, June 26–29.

Bennett, Ronald J., and Elaine R. Millam. 2011c. Transforming cultures in industry: Building leadership capabilities for working adult graduate students. *ASEE Annual Conference and Exposition*, Vancouver, BC, June 26–29.

Bennett, Ronald J., and Elaine R. Millam. 2012. Leadership education for engineers: Engineering schools' interest and practice. *ASEE Annual Conference and Exposition*, San Antonio, TX, June 2012.

Bennis, Warren. 1989. *On Becoming a Leader*. New York: Addison-Wesley.

Bennis, Warren. 2009. *On Becoming a Leader: The Leadership Classic*. New York: The Perseus Book Group.

Bennis, Warren, and R. J. Thomas. 2002. *Geeks and Geezers: How Era, Values, and Defining Moments Shape Leaders*. Boston: Harvard Business School Press.

Bennis, Warren and Burt Nanus. 2003. *Leaders: Strategies for Taking Charge*. New York: Harper Paperbacks.

Block, Peter. 1991. *The Empowered Manager: Positive Political Skills at Work*. San Francisco: Jossey Bass.

Block, Peter. 2008. *Community: The Structure of Belonging*. San Francisco: Berrett Koehler.

Bolman, Lee G., and Terrence E. Deal. 1995. *Leading with Soul*. San Francisco: Jossey Bass.

Bolton, Robert and Dorothy Grover Bolton. 1984. *Social Style/Management Style: Developing Productive Work Relationships*. New York: Amacom.

Boyatzis, Richard, Daniel Goleman and Annie McKee. 2004. *Primal Leadership: Realizing the Power of Emotional Intelligence.* Boston: Harvard Publishing Press.

Boyatzis, Richard, Annie McKee and Fran Johnston. 2008. *Becoming the Resonant Leader: Develop Your Emotional Intelligence, Renew Your Relationships, Sustain Your Effectiveness.* Boston: Harvard Business School Press.

Buckingham, Marcus and Donald Clifton. 2001. *Now Discover Your Strengths.* New York: Free Press.

Buechner, Frederick. 1993. *Wishful Thinking: A Seeker's ABC.* San Francisco: Harper Row.

Buffet, Warren. 2005. *Wall Street Journal,* November 12, p. A5A.

BusinessGreen staff. Government Launches Green Economy Council. *BusinessGreen,* Feb 16, 2011.

Collins, Jim. 2001. Level 5 Leadership: The Triumph of Humility and Fierce Resolve. *Harvard Business Review* (January). http://hbr.org/2001/01/level-5-leadership-the-triumph-of-humility-and-fierce-resolve/ar/pr.

Constable, George and Bob Somerville. 2005. *A Century of Innovation.* Washington, DC: Joseph Henry Press.

Cooper, Robert K., and Ayman Sawaf. 1997. *Executive EQ: Emotional Intelligence in Leadership and Organizations.* New York: Berkley.

Czikszentmihalyi, Mihaly. 1997. *Finding Flow: The Psychology of Engagement with Everyday Life.* New York: Basic Books.

Day, Christine R. 2000. *Discovering Connections.* Dearborn: University of Michigan Press.

Druskat, Vanessa Urch and Steven B. Wolff. 2001. Building the emotional intelligence of groups. *Harvard Business Review* (March). http://hbr.org/2001/03/building-the-emotional-intelligence-of-groups/ar/1.

Elkington, John. 1999. *Cannibals with Forks.* Oxford, UK. Capstone Press.

Ethics in Science. www.files.chem.vt.edu/chem-ed/ethics/.

Frazier, Maya. 2008. Who's in charge of green? *Advertising Age,* June 9.

Friedman, Thomas. 2007. *The World Is Flat 3.0: A Brief History of the Twenty-First Century.* New York: Picador Reading Press.

George, Bill. 2003. *Authentic Leadership: Rediscovering the Secrets to Creating Lasting Value.* San Francisco: Jossey Bass.

George, Bill. 2007. *True North: Discover Your Authentic Leadership.* San Francisco: Jossey Bass.
Gladwell, Malcolm. 2002. *The Tipping Point: How Little Things Can Make a Big Difference.* Boston: Little, Brown.

Goleman, Daniel, Richard Boyatzis and Annie McKee. 2002. *Primal Leadership: Realizing the Power of Emotional Intelligence.* Boston: Harvard Business School Press.

Greenleaf, Robert K. 1991. *Servant Leadership: A Journey into the Nature of Legitimate Power and Greatness.* Indianapolis: Paulist Press.

Hagberg, Janet. 2002. *Real Power: Stages of Personal Power in Organizations.* 3rd ed. Minneapolis: Sheffield.

Hall, Brian P. 1995. *Values Shift: A Guide to Personal and Organizational Transformation.* New York: Twin Lights.

Hargreaves, Andy and Dean Fink. 2004. The seven principles of sustainable leadership. *Educational Leadership* 61(7): 8–13.

Hesselbein, Frances, Marshall Goldsmith and Richard Beckhard, eds. 1996. *The Leader of the Future.* San Francisco: Jossey Bass.

Hesselbein, Frances and Marshall Goldsmith. 2006. *The Leader of the Future 2: Visions, Strategies, & Practices for the New Era.* San Francisco: Jossey Bass.

HBR OnPoint Collection. 2000. *Motivating Others to Follow.* Boston: Harvard Business Review Press.

Hirsch, Sandra and J. Kise. 1994. *Work It Out: Clues to Solving People Problems at Work.* New York: Davies-Black.

Hong, Paul, He-Boong Kwon and James Jungbae Roh. 2009. Implementation of strategic green orientation in supply chain. *European Journal of Innovation Management* 12(4): 512–32.

Hudson, Frederic M. 1999. *The Adult Years: Mastering the Art of Self-Renewal.* San Francisco: Jossey Bass.

Jordan, Peter and Neal Troth. 2004. Emotional Intelligence in Organizational Behavior and Industrial-Organizational Psychology, Chapter in *Science of Emotional Intelligence: Knowns and Unknowns* by Gerald Matthews, Moshe Zeidner and Richard Roberts. New York: Oxford University Press.

Kegan, Robert and Lisa Lahey. 2001. *How the Way We Talk Can Change the Way We Work.* San Francisco: Jossey Bass.

Kolb, D. A. 1981. *Learning Style Inventory: Self-Scoring Inventory and Interpretation Booklet.* Boston: McBer & Company.

Kolb, David A. 2007. *Learning Style Inventory.* New York: Hay Group Learning.

Kotter, John P. 1990. *A Force for Change: How Leadership Differs from Management.* New York: Free Press.

Kotter, John P., and Dan S. Cohen. 2002. *The Heart of Change: Real-Life Stories of How People Change Their Organizations.* Boston: Harvard Business School Press.

Kotter, John P., and James L. Heskett. 1992. *Corporate Culture and Performance.* New York: Maxwell Macmillan International.

Kotter, John P., and H. Rothgeber. 2006. *Our Iceberg Is Melting: Changing and Succeeding under Any Conditions.* New York: St. Martin's Press.

Kouzes, James and Barry Z. Posner. 1987. *The Leadership Challenge: How to Get Extraordinary Things Done in Organizations.* San Francisco: Jossey Bass.

Kouzes, James and Barry Z. Posner. 1993. *Credibility: How Leaders Gain and Lose It, Why People Demand It.* San Francisco: Jossey Bass.

Laszlo, Ervin. 2008. *Quantum Shift in the Global Brain: How the New Scientific Reality Can Change Us and the World.* Rochester, VT: Inner Traditions.

Leonard, George. 1992. Mastery: The Keys to Success and Long-Term Fulfillment. New York: Penguin.

Levine, Barbara Hoberman. 2000. *Your Body Believes Every Word You Say.* Fairfield, CT: WordsWork.

Loehr, Jim and Tony Schwartz. 2004. *The Power of Full Engagement.* New York: Free Press.

Leonard, George. 1992. Mastery: The Keys to Success and Long-Term Fulfillment. New York: Penguin.

Lopez, Jennifer. 2010. ACCA MaSRA 2010: Sustainability reporting trend picks up pace. *The Edge Malaysia,* November.

Lowell, B. Lindsay and Mark Regets. 2006. *A Half Century Snapshot of the STEM Workforce, 1050-2000.* Commission on Professionals in Science and Technology, STEM Workforce Data

Project, White Paper No. 1. Washington, D.C: Commission on Professionals in Science and Technology.

Mayer, Peter, Marc Brackett and Jack Salovey. 1997. *Emotional Intelligence: Key Readings on the Mayer and Salovey Model.* New York: Dude.

Millam, Elaine R., and Ronald J. Bennett. 2004. Beyond professionalism to leadership: Leveraging leadership for a lifetime. *ASEE Annual Conference Proceedings,* Salt Lake City, UT, June 20–23.

Millam, Elaine R., and Ronald J. Bennett. 2011. Developing leadership capacity in working adult women technical graduate students: Research interview results with alumni. *ASEE Annual Conference Proceedings,* Vancouver, BC, June 26–29.

MIT Technology Review. S. Rosser and M. Taylor. January/February 2008. Why Women Leave Science. Retrieved from http://technologyreview.com/article/21859.

Mitchell, James. 2001. *The Ethical Advantage.* Minneapolis MN: University of St. Thomas Center for Ethical Business Cultures.

Murray, William. 1993. *Relationship Selling.* Minneapolis MN: Eagle Learning Center.

National Academy of Engineering. 2005. *Rising above the Gathering Storm: Energizing and Employing America for a Brighter Economic Future.* Washington, DC: National Academies Press.

National Academy of Engineering. 2008. *Changing the Conversation.* Washington, DC: National Academies Press.

National Academy of Engineering. National Academies NEWS. Feb 15, 2008. http://www8.nationalacademies.org/onpinews/newsitem.aspx?RecordID=02152008

National Institute for Engineering Ethics, www.niee.org/codes.htm , has links to many engineering society ethics statements. It also has a collaboration with the Center for Study of Ethics in the Professions, which lists 850 ethics codes for a variety of professional associations.

National Science Foundation. 2003. Division of Science Resources Statistics, Scientists and Engineers Statistical Data System (SESTAT). Figure 5. S&E bachelor's degree holders in management jobs, by years since degree: 2003.

Ndamba, Rodney. 2010. Should corporate sustainability be philanthropic? *Financial Gazette* (Harare).

Nunes, K. R. A., R. Valle and J. A. A. Peixoto. 2010. Automotive industry sustainability reports: A comparison of Brazilian and German factories. *VI Congresso Nacional de Excelencia em Gestao* (ISSN 1984-9354).

Palmer, Parker J. 2002. *Let Your Life Speak: Listening for the Voice of Vocation.* San Francisco: Jossey Bass.

Piaget, Jean. Translated by Marjorie and Ruth Gabain. 2008. *The Language and Thought of the Child.* New York: Routledge.

Pink, Daniel H. 2005. *A Whole New Mind.* New York: Berkley.

Quinn, Robert E. 1996. *Deep Change: Discovering the Leader Within.* San Francisco: Jossey Bass.

Ray, Paul and Sherrie Anderson. 2000. *The Cultural Creatives: How 50 Million People Are Changing the World.* New York: Harmony Books.

Rosen, Robert and Lisa Berger. 2002. *The Healthy Company: Eight Strategies to Develop People, Productivity and Profits.* New York: Tarcher.

Scharmer, Otto. 2009. *Theory U: Leading from the Future as It Emerges.* San Francisco: Berrett Koehler.

Seligman, Martin P. 2003. *Authentic Happiness: Using the New Positive Psychology to Realize Your Potential for Lasting Fulfillment.* New York: Free Press.

Senge, Peter, C. Otto Scharmer, Joseph Jaworski and Betty Sue Flowers. 2004. *Presence: Human Purpose and the Field of the Future.* Cambridge, MA: Society for Organizational Learning.

Sullivan, William M., and Matthew S. Rosin. 2008. *A New Agenda for Higher Education.* San Francisco: Jossey Bass.

Tufte, Edward R. 1983. *The Visual Display of Quantitative Information.* Cheshire, CT: Graphics Press.

Vaill, Peter. 1996. *Learning as a Way of Being: Strategies for Survival in a World of Permanent White Water.* San Francisco: Jossey Bass.

Weimerskirch, Arnold. 2006. Presentation on social responsibility. University of St. Thomas, St. Paul, MN.

Weiss, H. M. and R. Cropansano. 1996. Affective events theory: A theoretical discussion of structure, causes and consequences of affective experiences at work. *Research in Organizational Behavior,* 18. pp.1–74.

Wilson, Larry. 1987. *Changing the Game: The New Way to Sell.* New York: Simon & Schuster.

Wilson, Larry. 1994. *Stop Selling: Start Partnering.* Essex Junction, VT: Oliver Wight.

Win the Energy Challenge with ISO 5001. *ISO 50001 Management System Standard for Energy.* www.iso.org/iso/iso_50001_energy .pdf.

Wulf, William. January 2006. Engineering Minnesota's Future keynote speech, http://stream.stthomas.edu/view.htm?id5engineeringWilliam WulfLecture.

Zander, Rosamund Stone and Benjamin Zander. 2000. *The Art of Possibility.* New York: Penguin Books.

Zenger, J. H., and J. Folkman. 2002. *The Extraordinary Leader: Turning Good Managers into Great Leaders.* New York: McGraw-Hill.

Outras referências úteis

Axtell, Roger E. 1998. *Gestures: The Do's and Taboos of Body Language around the World.* New York: John Wiley.

Bell, Chip R. 1998. *Managers as Mentors: Building Partnerships for Learning.* San Francisco: Berrett Koehler.

Burns, James McGregor. 1978. *Leadership.* New York: Harper & Row.

Charan, Ram. 2008. *Leaders at All Levels.* San Francisco: Jossey Bass.

Charan, Ram, Stephen Drotter and James Noel. 2001. *The Leadership Pipeline.* San Francisco: Jossey Bass.

Christensen, Clayton M., and Michael E. Raynor. 2003. *The Innovator's Solution.* Boston: Harvard Business School Press.

Christensen, Clayton M., Scott D. Anthony and Erik A. Roth. 2004. *Seeing What's Next.* Boston: Harvard Business School Press.

Covey, Stephen R. 1989. *The 7 Habits of Highly Effective People.* New York: Simon & Schuster.

Covey, Stephen R. 1991. *Principle Centered Leadership.* New York: Summit Books.

Fast, Julius. 2002. *Body Language.* New York: M. Evans.

Fleddermann, Charles B. 2004. *Engineering Ethics.* London: Pearson Prentice-Hall.

Flynn, Stephen. 2007. *The Edge of Disaster.* New York: Random House.

Gaynor, Gerard H. 2002. *Innovation by Design.* New York: Amacom.

Hirsch, Sandra and Jean Kummerow. 1993. *Life-Types.* New York: Warner Books.

Hudson, Frederic M. 1999. *The Adult Years: Mastering the Art of Self-Renewal.* San Francisco: Jossey Bass.

Johnson, Robert. 1999. The spirit of leadership. *The Leadership Circle.* www.tlccommunity.com.

Kavetsky, Robert A., Michael L. Marshall and Davinder K. Anand. 2006. *From Science to Seapower.* College Park, MD: Calce EPSC Press.

Kawasaki, Guy. 2004. *The Art of the Start.* London: Portfolio.

Kelley, Robert E. 1998. *How to Be a Star at Work.* New York: Three Rivers Press.

Mahbubani, Kishore. 2005. *Beyond the Age of Innocence.* New York: Public Affairs.

Manz, Charles C., and Henry P. Sims, Jr. 1990. *Superleadership.* New York: Berkley.

Miller, John G. 2001. *QBQ: The Question behind the Question.* Denver: Denver Press.

National Academy of Engineering. 2004. *The Engineer of 2020.* Washington, DC: National Academies Press.

National Academy of Engineering. 2005. *Educating the Engineer of 2020.* Washington, DC: National Academies Press.

New Green Economy Council meets. *ENDS Report,* February 23, 2011.

Northouse, Peter G. 2004. *Leadership: Theory and Practice.* Thousand Oaks, CA: Sage.

Oakley, Ed and Doug Krug. 1991. *Enlightened Leadership: Getting to the Heart of Change.* York: Simon & Schuster.

O'Hair, Dan, Gustav W. Friedrich and Lynda Dixon Shaver. 1995. *Strategic Communication in Business and the Professions.* Boston: Houghton Mifflin.

Owen, Hilarie. 2000. *In Search of Leaders.* New York: John Wiley.

Pastin, Mark. 1986. *The Hard Problems of Management: Gaining the Ethics Edge.* San Francisco: Jossey Bass.

Pinchott III, Gifford. 1986. *Intrapreneuring.* New York: Harper & Row.

Roberts, Wess. 1987. *Leadership Secrets of Attila the Hun.* New York: Warner Books.

Sheppard, Sheri D., Kelly Macatangay, Anne Colby and William M. Sullivan. 2009. *Educating Engineers.* San Francisco: Jossey Bass.

Surowiecki, James. 2004. *The Wisdom of Crowds.* New York. Doubleday.

3M earns ENERGY STAR award for sixth consecutive year. 2010. *Business Wire* (New York), March 18.

Utterback, James M. 1994. *Mastering the Dynamics of Innovation: How Companies Can Seize Opportunities in the Face of Technological Change.* Boston: Harvard Business School Press.

Wheatley, Margaret. 1999. *Leadership and the New Science.* San Francisco: Jossey Bass.

Índice

A

Abordagem de preocupação just-in-time, 77-78, 104-105
Abordagem do cérebro todo, 63-64
Abordagen de planejamento de Ishikawa, 61-63
Abraham, John, 128-129, 142-143
Africa Unchained (Ayittey), 149-150
Agilidade, como característica do líder, 10-11
Amáveis (estilo social amável)
    características, 118-119
    credibilidade, 120-121
    motivadores para, 121-122
Ambiente de equipe matricial, 94-95
Ambientes de equipe
    aprendizagem pela ação, 101-102
    como maturidade, 82-83
    criando atmosfera, 25-26
    e força pessoal, 94-95
    força de, 6
    inovação a partir de, 18-20, 81-82, 91-92, 143-144
    multifuncional, 143-144, 148
    matricial, 94-95
    profissionais técnicos se envolvem em, 19-21
    reconhecendo esforços, 50-51, 157-158
    virtual, 148
Análise da Lacuna Ter-Querer, 59-60
Analíticos (estilo social analítico)
    características, 118-119
    credibilidade, 120-121
    motivadores para, 121-122
Anderson, Sherrie, 139
Aprendizagem
    ação; *veja* aprendizagem pela ação
    através da reflexão, 74-76
    a partir de erros, 63-67, 106-108
    curva para o domínio, 43-44
    efeito de sinergia, 143-144
    entendimento vs., 59-60
    estilos, avaliação, 54-56
    movendo para generativa, 143-144
    pela vida toda, 78-80, 154-156
    processos de ciclo, 54-56
    pauta, 111-114
Aprendizagem e reflexão transformadoras, 74
Aprendizagem generativa, indo para, 143-144
Aprendizagem pela ação
    descrita, 100-102
    equação, 100-101
    perguntas, 140-141
    preocupação just-in-time, 104-105
    uso, 101-104
Aprendizagem pela vida toda, 78-80, 154-156
Assertividade, 117-118
Atenção, estruturas de, 140-141
Atitude de soma zero, 147

Authentic Happiness (Seligman), 40-41
Autocontrole e liderança sustentável, 154-156
Autodomínio, 78-79
Avaliação 360, 52-53
Ayittey, George, 149-150

B

Benefício (componente da solução), 123-124
Bennis, Warren, 12, 13-14, 59-60, 67-68, 107-108
Berkshire Hathaway Inc., 65-67
Block, Peter, 69-70, 117-118, 148
Boisjoly, Roger, 6
Bolton, Dorothy Grover, 117-118
Bolton, Robert, 117-118
Bordogna, Joseph, 32-33
Boyatzis, Richard, 110-112
Brainstorming, 63-64
Buckingham), 40-41
Buckingham, Marcus, 40-41
Buechner, Frederick, 89-90
Buffett, Warren, 65-67

C

Caixa de ressonância, construindo pessoal, 83-85
Capacidade de adaptação, 67-68
Característica (componente da solução), 122-123
Carter, Jimmy, 17-18
Changing the Conversation (Academia Nacional de Engenharia), 134-135
Ciclo de aprendizagem experimental, 101-102
Cientistas Sem Fronteiras, 151
Clifton, Donald, 40-41
CliftonStrengthsFinder, 40-41
Competência consciente, 48-50
Competência, crescimento do inconsciente para o consciente, 48-50
Componentes de solução, 122-124
Comportamento contagioso, 139
Comportamento
    como manifestação de crenças, 39, 41
    contagioso, 139
    efeito de visão de mundo, 140-141
    ético, de engenheiro, 75-76, 134-135, 143
    sucesso a partir do ético, 143-144
Compromisso, 126
Compromisso, 56-57, 91
Comunicação não verbal, 119-121
    confiança como precursora, 49-50
Confiança
    como característica de líder, 8-10, 10-11, 77-78, 81-82, 125
    competência consciente como precusora, 49-50
    e visão, 66-67
    fontes de, 66-68
    ganhando, 82-83

necessária para a credibilidade, 125
Confiança
    como base da liderança, 49-50, 94-95
    elementos de, 49-51, 125
    em relacionamentos, 111-112, 118-121
    identificando e superando medos, 50-52
Conflitos, lidando com, 125-127
Consciência e gestão emocional, 53-55
Consciência própria
    como características do líder, 13-14, 24-25, 163-164
    descobrindo as próprias crenças, 29-30
    e capacidade de adaptação, 67-68
    e moldando o futuro, 30-32
    encontrando a sabedoria interior, 42-44
    e opiniões das outras pessoas, 41-42, 107-108
    ferramentas de avaliação, 40-41
    menosprezando pelo self, 40-42
Conselho de administração, construindo pessoal, 83-85
Conselhos, lidando com, 29-32
Coragem
    como característica do líder, 8-10, 77-78, 104-106
Coronis, Lew, 79-80
Covey, Stephen, 51-52
Cray, Seymour, 6, 22-23
Credibilidade, 7, 120-121
Crenças
    como moldador do futuro, 30-32
    como parte de paixões, 89-90
    e expectativas de outras pessoas, 158-159
    e influência familiar, 29-30
    refletindo sobre o próprio, 29-30, 39-41
Criatividade aplicada, 67-68
Criatividade
    aplicada, 67-68
    como caminho para a mudança, 96-97
    como cultura, 139
    definição, 143-144
    e diversidade, 91-92, 143-146
Criativos culturais, 139
Crises de integridade, 91-92
Csikszentmihalyi, Mihaly, 143-144
Cultura organizacional
    como lado esquerdo do cérebro, 60-61
    construção, 82-83
    fronteiras, 148-150
    estimulando a inovação, 15-17
    moldando, 91-92
    reações a erros, 65-66

D
Dados vs. narrativa, 127-129
"Day in the Life of a Student in the Year 2012 AD, A" (Ponte), 32-33
Delegação, como característica de um líder, 82-83
Desafios da engenharia (Século XXI), 133-134, 139
Desafios
    aceitando novos, 7
    ao status quo, 8-10
    do século XXI, 133-134, 139
Diversidade e criatividade, 91-92, 143-146
Domínio do self, 78-79
Domínio, crescimento voltado para o, 43-44
DuPree, Max, 156

E
Educação, 31-33
Ego e poder, 93, 94-95
Einstein, Albert, 32-33
Eisenhower, Dwight D., 17-18
Emerson Electric, 80-81
Empowered Manager, The (Block), 69-70
Empreendedores, pensando como, 24-26
Empresa 3M, 154-156
Empresas da *Fortune 500*, 10-11
Empurrão tecnológico, 120-121
Ênfase, 74, 75, 126
Equipe multifuncional, 143-144, 148
Equipes virtuais, 148
Erros
    como oportunidades de aprendizagem, 63-67, 106-108
    reações organizacionais contraproducentes, 65-66
Escuta ativa, 16-17, 120-121, 122-123
Esgotamento nervosa, 160-162
Estilo de aprendizagem abstrato, 54-56
Estilo de aprendizagem acomodador, 55-56
Estilo de aprendizagem assimilador, 54-56
Estilo de aprendizagem ativo, 54-55, 55-56
Estilo de aprendizagem concreto, 54-55, 55-56
Estilo de aprendizagem consciente, 54-55, 55-56
Estilo de aprendizagem divergente, 54-55
Estilo de aprendizagem reflexive, 54-56
Estilo retaguarda, 125
Estilos sociais, 117-121
Estruturas de atenção, 140-141
Ethical Advantage, The (Mitchell), 143-144
Exercício de autobiografia, 40-41
Experimentação e pontos fortes, 111-112
Expertise, compartilhamento, 33-35
Expressivos (estilo social expressivo)
    características, 118-120
    credibilidade, 120-121
    motivadores para, 121-122
Extrovertidos, características dos, 17-18

F
Fator sorte, 149-150
Ferramentas de avaliação
    avaliação 360, 52-53
    consciência própria, 40-41
    descoberta de paixão, 89-90
    estilos de aprendizagem, 54-56
    inteligência emocional, 53-55
    planejamento, 61-63
    processo de invenção, 59-61
    tipos de personalidade, 17-18, 52-54

valores, 56
visão, 67-73
Fink, Jonathon, 154-156
    fontes de, 66-67
Força interna, 91-92
Força pessoal
    credibilidade, 7
    etapas, 91-95
    exemplo, 96
    no ambiente de equipe, 94-95
    posição de poder vs., 6, 14-15
    reconhecendo a própria, 7, 91-92
Fracasso, como professor, 63-66, 106-108
Friedman, Thomas, 151
Futuro, moldando o próprio. *Veja* processo de invenção

G
Gandhi, Mahatma, 89
Geeks and Geezers (Bennis), 107-108
George, Bill, 22-23, 52-53, 91
George, Camille, 149-150
Gestores
    características, 22-23
    como líderes, 18-19, 22-23, 63-64, 96
    complemento à liderança, 18-19
    percentagem de profissionais técnicos se deslocando para, 22-23, 23-24 (figura)
Gladwell, Malcolm, 139
Goldenberg, Suzanne, 128-129
Goldsmith, Marshall, 63-64
Goleman, Dan, 53-54
Grand Challenges for Engineering (Academia Nacional de Engenharia), 133-134
Gratificação, atraso de, 75-76

H
Habilidade de escutar
    como característica de líder, 15-17, 18-19
    como comunicação não verbal, 119-120, 120-121
    estilo ativo, 16-17, 120-121, 122-123
    na construção de relacionamento, 116-117, 118-119, 119-120, 122-123
    resolvendo conflitos, 126
Habilidades das pessoas, trabalho em equipe exige, 18-21
Habilidades de comunicação
    alcançando a ressonância coletiva, 143-146
    características de eficazes, 24-25
    construindo confiança com, 119-121
    entendendo o público, 127-129
    escolhendo meio, 116-117
    no ambiente de equipe, 94-95
    resolvendo conflitos, 125-127
    tipos necessários, 19-20
    usando a escuta ativa, 16-17, 120-121, 122-123
    usando a voz ativa, 128-129
    usando gráficos, 128-129
    usando perguntas abertas, 122-123

Hábitos, dificuldade de mudar, 9-10
Hagberg, Janet O., 91-95
Hall, Brian, 55-56
Helm, Dieter, 154-156
Heskett, James, 143-144
Hesselbein, Frances, 63-64
"Highest Education in the Year 2049" (Lee and Messerschmitt), 32-33
Honeywell, 15-16
Hudson, Frederick, 56-57

I
I Ching, 43-44
Identidade de realização elevada, 41-42
Imaginação e inovação, 32-33
Impulsos abençoados, crença, 63-64
Individualidade autêntica, 136-137
Influência
    componentes básicos, 20-21
    da família, 29-31
    liderança por, 18-19, 19-20
Influências familiares, 29-31
Iniciativa, avaliação de gestão de, 9-10, 25-26
Inovação
    adoção, 137-138
    a partir da colaboração, 18-120
    como acesso ao conhecimento interno, 140-141
    como questão de segurança nacional, 27-28
    cultura organizacional, inspirando, 15-17
    e imaginação, 32-33
    núcleo, 32-33
    resolvendo os problemas atuais 160-161
    Veja também Mudança
Inspiração, indivíduo como, 6
Inteligência emocional, 53-55, 116-117, 156
Inteligência social e liderança sustentável, 154-156
Interdependência, 15-17, 154-156
Introspecção. *Veja* Reflexão
Introvertidos, 17-18, 32-34

J
Jackson, Shirley, 26-28
James A. Baker III Institute for Public Policy, 151
Jotter, John, 143-144
Jung, Carl, 17-18, 42-43, 52-53

K
Kolb, David A., 54-56

L
Lao Tsu, 158-159
Larson, Clint, 79-80
Lee, Edward, 32-33
Leonard, George, 43-44
Let Your Life Speak (Palmer), 41-43, 136-137
Leydesdorff, Loet, 151
Liderança
    autêntica, 91, 112-114
    definida, 14-15

confiança como base, 49-50
e mudança, 77-78, 96
em ambiente de equipe, 94-95, 96
em desenvolvimento, 104-106
   adquirindo mentores, 83-84, 105-107
   de dentro da organização, 14-15
   domínio do self, 78-79
   como comportamento aprendido, 12-14
   construindo conselho de administração pessoal, 83-85
   fator sorte, 104-105
   pelo voluntariado, 152-153
   processo, 43-45
   Veja também processo de invenção
estilos
   autoritário, 14-16
   gestor, 18-19, 22-23, 63-64, 96
   servidor, 93, 145-146
etapas (Hagberg), 91-95
obrigações dos engenheiros, 75-76, 133-135, 137-138
potencial para
   avaliar, 46-53
   divulgar, 83-84
   reconhecer, 60-61, 79-81, 82-83
   Veja também Liderança colaborativa; Liderança sustentável
vocação, 136-137
Liderança autêntica, 91, 112-114
Liderança colaborativa
   através de fronteiras nacionais, 149-153
   através de fronteiras organizacionais, 148-150
   características da, 147
   Modelo de Criação de Valor de Honeywell, 15-17
   mitos contrários a, 147
   vantagens, 147
   Veja também Ambientes de equipe
Liderança sincrônica. *Veja* Liderança colaborativa
Liderança sustentável
   definição, 154
   desenvolvendo outras pessoas, 156-159
   evitando esgotamento, 160-161
   papel da reflexão, 159-160
   princípios, 154-156
Líderes autoritários, 14-16
Líderes servidores, 93, 145-146
Líderes
   características, 22-24, 24-25, 81-82
      adaptabilidade, 67-68
      acessibilidade, 25-26
      aprendizagem pela vida toda, 78-80, 154-156
      capacidade de delegar, 82-83
      confiança, 8-10, 10-11, 77-78, 81-82, 125
      consciência emocional e gestão, 53-55, 154-156
      consciência própria, 13-14, 24-25, 163-164
      coragem, 8-10, 77-78, 104-106
      credibilidade, 7
      desafios, partindo para novos, 8, 157-158
      habilidade de comunicar-se, 116-117
      habilidade de escutar, 15-17, 18-19
      habilidades de pensamento crítico, 32-33
      identificação do problema, 6
      imaginação, 32-33
      força pessoal, 6-7
      persistência e paciência, 77-78
      sagacidade, 10-11
      visão orientadora, 58
   como capacitadores, 81-82, 154-156, 156-158
   como influenciadores, 14-15
   como servidores, 91-92, 96, 154-156
   crises de integridade, 91-92
   importância da reflexão, 140-141
   introvertidos como, 32-34
   estabelecer exemplos, 18-19
   gestores como, 8-9, 22-23, 63-64, 96
   transformadores, 156
Ling, Joe, 20-21, 133-134, 163
Linguagem corporal, 119-120

M

Maquiavel, Nicolau, 7
Mastery (Leonard), 43-44
MBAs, necessidade de, 32-33
McNeill, William, 140-141
Mead, Margaret, 5
Medos
   durante o processo de invenção, 60-61
   e confiança, 50-52
   superando, 50-53
   tipos de, 51-52
Mensagem "I", 126
Mentalidades, mudanças de, 6
Mentores
   adquirindo, 83-84, 105-107
   características, 14-15, 21, 79-80
   lições aprendidas como, 158-159
Messerschmitt, David, 32-33
Millam, Elaine, 112-113, 149-150
Minard, Charles Joseph, 128-129
MIT Technology Review, 26-27
Mitchell, John, 143-144
Mitos
   correr riscos é muito arriscado, 10-11
   definidos, 3
   desafiar o status quo é perigoso, 8-10
   desejo de manter a expertise secreta, 33-35
   executivos não disponíveis, 25-26
   líderes
      dão ordens, 15-17
      fazem MBA, 31-33
      nascem, 12-14
      precisam ser extrovertidos, 17-19
      precisam ter posição de autoridade, 18-20
   mulheres não conseguem prosperar, 26-28
   perigos dos, 34-35
   profissionais técnicos
      não serão tratados como líderes, 22-25
      não têm qualificações de liderança, 6-7

Índice 175

não têm treinamento para liderança, 7-8
são introvertidos, 32-34
são isolados da liderança, 24-26
trabalham com coisas, 19-21
sobre colaboração, 147
sobre crenças, 29-32
títulos são necessários, 13-16
uma pessoa não pode fazer diferença, 5-7
Modelo da bicicleta, 96-98
Modelo da Mudança Intencional, 110-112
Modelo de Criação de Valor, 15-17
Modelo de Força Pessoal (Hagberg), 91-95
Modelo de Plano Estratégico de Millam. 112-113
Modelo de Poder Pessoal de Hagberg, 91-95
Monckton, Christopher, 142
Movimento de sustentabilidade ambiental, 98, 154-156
Movimento de sustentabilidade, 98, 154-156
Movimento verde, 98, 154-156
Mudança epidêmica, 139
Mudança
  alistando outras pessoas em, 6, 8, 91-92
  capacidade do indivíduo de realizar, 5
  como componente da liderança, 98
  conselho para evitar, 7-8
  criatividade como caminho para, 96-97
  desconforto com, 77-78
  e processo de desenvolvimento, 43-45
  entendendo suas desejadas, 89-90
  epidêmicas, 139
  feitas por profissionais técnicos, 6
  inevitabilidade de, 10-11
  lidando com reações, 123-124
  narrativa para vender, 127-129
  obstáculos a, 96-98, 125
  roteiro para, 110-115
Mulheres, representação na STEM de, 26-28
Murray, William, 117-118
Myers-Briggs Type Indicator (MBTI), 17-18, 52-54

N
New York Academy of Sciences (NYAS), 151
Now Discover Your Strengths (Clifton and

O
O'Brien, Bill, 140-141
Objetivo, foco no, 91, 91-92
Obligation of the Engineer, 75-76, 134-135, 143
Oportunidades voluntárias, 15-16, 152-153
Orientadores (estilo social orientador)
  características, 118-119
  credibilidade, 120-121
  motivadores para, 121-122

P
Paciência, como característica do líder, 77-78
Paixão
  combinando com necessidades sociais, 136-137

combinando com habilidades, 89-90
identificando, para efetivar a mudança, 89-90
necessidades de compromisso, 91
perseguindo a própria, 30, 42-43
valores como fontes, 56-57
Palmer, Parker, 41-43, 136-137
"Passeando no planalto", 43-44
Pensamento sistêmico, 24-25
Persistência, como característica do líder, 77-78
Perspectiva de sistemas, 137-138, 143
Pesquisa Cray, 22-23
Piaget, Jean, 59-60
Planaltos, como períodos de integração
Planejamento do tipo espinha de peixe (Ishikawa), 61-63
Planejamento, em aprendizagem pela ação, 101-102
Poder, tipos de, 6
Política 42 do Baker Institute, 151
Ponte, Maurice
Pontos fortes e experiência, 111-112
Porter, Michael
Posição de poder
  força pessoal vs., 6-15
  na gestão, 18-20
Povolny, John, 79-80
Pressentimentos, confiança, 63-64
Prince, The (Maquiavel), 7
Processo de desenvolvimento e mudança, 43-45
Processo de invenção
  aprendendo com os erros, 63-67
  e correr riscos , 67
  identificando e articulando o que se tem e o que se quer,
    abordagem de espinha de peixe , 61-63
    brainstorming, 63-64
    exercício de escrita guiado, 67-73
    perguntas chave, 59-61
  lidando com medos durante, 60-61
  modelos para, 58
Projeto do Milênio das Nações Unidas, 151
Provas de fogo, 107-108
Puxão de mercado, 120-121

Q
Questionamento socrático, 15-16
Questionamento, como método de aprendizagem, 15-16, 40-41

R
Ray, Paul, 139
Reação de luta ou fuga, 123-124
Realizações da engenharia (Século XX), 133
Recomendação (componente da solução), 122-123
Recursos humanos e liderança sustentável, 154-156
Recursos materiais e liderança sustentável, 154-156
Reflexão
  como ferramenta de aprendizagem, 74-76, 101-102, 140-141
  como necessidade de liderança, 163-164

e força, 91-92, 93
em liderança sustentável, 159-160
importância da, 140-141
Reflexão em ação, 75-77
Relacionamentos
confiança em, 111-112, 118-119, 119-121
construção
e estilos sociais, 117-118
estabelecendo confiança, 111-112, 119-121
estabelecendo urgência, 123-124
identificando necessidades, 120-123
lidando com reações, 123-124
propondo ajuda, 122-124
importância, 114-115
lidando com conflito, 125-127
tensões em, 117-118
Veja também Mentores
Responsividade, 117-118
Ressonância coletiva, 143-146
Revans, Reg, 100-101
Rilke, Rainer Maria, 89
Ring, Charlie, 79-80
Riqueza como medida de sucesso, 30
Riscos, 10-11, 66-67, 85
Rising Above the Gathering Storm (Academia Nacional de Engenharia), 98
Rubinstein, Ellis, 151

S
Sábio interior, descoberta
Scharmer, Otto, 140-141
Self ideal, 111-112
Self verdadeiro, 111-112
Seligman, Martin, 40-41
Senge, Peter, 117-118, 143-144
Sinergia na aprendizagem, 143-144
Skil Corporation, 80-81
Sobrevivência e sucesso, 10-11
Social Style/Management Style (Bolton and Bolton), 117-118
Sokol, David, 66-67
Sorrentino, Frank, 79-80
Soul Source Foundation, 149-150
Status quo, desafiando, 8-10
Steinem, Gloria, 64-65
STEM
imagem pública de, 134-135
representação de mulheres em, 26-28
Sucesso
a partir do comportamento ético, 143-144
definindo o próprio, 29-31
e liderança sustentável, 154-156
e sobrevivência, 10-11
superando medos, 51-52
Sullenberger, Chesley "Sully", 125
Swanson, Jon, 79-80

T
Teltech, 33-34
Tensão da tarefa, 117-118
Teoria U, 78-79
Tipos de personalidade, ferramentas de avaliação, 17-18, 52-54
Tipos de tensão, 117-118
Títulos
conceder o mito da autoridade, 18-20
força pessoal vs., 6, 14-15
líderes precisando de mitos, 13-15
mito do MBA, 31-33
Transformação, 43-44, 156
Transformação pessoal, 91-92, 110, 114-115
True North (George), 22-23, 52-53, 91
Tufte, Edward, 128-129

V
Valor
criando a partir da realização de objetivos mútuos, 18-20
criando, para a organização, 8-10, 15-17
Valores, como guias, 55-57
Vantagem (componente de solução), 122-124
Vendedores, profissionais técnicos como, 20-21
Visão de mundo, 43-45, 139-141
Visão pessoal. *Veja* Visão
Visão
como guia para o líder, 58
e confiança, 66-67
e correr riscos, 66-67
e refutadores, 152-153
na pauta de aprendizagem, 112-114
identificando e articulando, 110-115
abordagem da espinha de peixe, 61-63
brainstorming, 63-64
exercício de escrita guiado, 67-73
perguntas fundamentais, 59-61
Vocação, 89-90, 136-137
Voz ativa na comunicação, 128-129
Vulnerabilidade, 49-50

W
Walesa, Lech, 13-15
Watson, Karan, 127
Weimerskirch, Arnie, 79-80, 143-144
Wilson, Larry, 117-118
Wulf, William, 91-92, 136-137, 143-144

Y
Young, John, 77-78, 104-105

Z
Zona de conforto, saindo da, 44-45, 111-112, 112-114